신의 방패

# 이지스 AEGIS

# 머리말

1998년, 한국 부산 앞바다에서 한국 해군의 관함식이 거행되었다. 이 관함식에 초대받은 일본 해상자위대는 이지스함 '묘코'를 참가시켰다. '묘코'는 관함식 2달 전에 북한이 발사한 대포동 탄도 미사일을 레이더로 추적하는 데 성공했다. 그 사실은 한국에도 잘 알려졌다. 필자는 관함식에 초대받은 VIP 및 각국 무관들과 함께 보급함 함상에서 취재했다.

김대중 대통령이 명승지 태종대 앞바다에 정박한 각국의 함정들을 사열했다. 희미하게 들리는 각국 함정의 호령, 함내 스피커에서 흘러나오는 함정 소개 멘트, 그리고 우리의 카메라 셔터 소리가 잔잔히 울려 퍼졌다.

드디어 일본 해상자위대의 '묘코'가 소개될 차례가 되었다. 스피커에서 한국어와 영어로 "다음은 일본, 묘코, 얼마 전에 북한 미사일을 추적하는 데 성공한 함정입니다."라는 멘트가 흘러나왔다. 그리고 그 순간 함상은 떠들썩해졌고, 박수를 치거나 벌떡 일어서는 사람도 있었다.

관함식을 마치고 항구에 입항하자, 한국 보도진이 '묘코'로 몰려들었다. '묘코'의 간부는 영어로 설명했고, 기자 중의 한 사람이 통역했다. 여러 사람이 이지스함에 대해 질문을 던졌고, 그날 밤 뉴스에서는 관함식과 비슷한 비중으로 '묘코'가 보도되었다. 일본에 이지스함이 있다는 사실을 당연하게 여겼던 필자는 이지스함의 묵직한 존재감을 새삼 실감할 수 있었다.

'묘코'는 대포동 미사일을 격추하지 못했음에도 대단한 주목을 받았다. 한국의 한 기자는 "대포동 미사일을 추적했다는 것만 해도 큰 성과입니다. 한국처럼 아무것도 못한 것과는 커다란 차이가 있습니다."라고 말했다. 그즈음 고성능 방공함을 도입하기로 계획하고 있던 한국 해군은 다른 방공 시스템을 보류하고 이지스 시스템을 채용했다. 당시 국방부의 장비 부문에서 근무하던 해군 간부는 '묘코'가 대포동 미사일을 추적하는 데 성공한 후 이지스 시스템을 갖춘 방공함 계획을 추진하기 시작했다고 토로했다. 어느새 '이지스'는 최신 방공함의 대표 브랜드가 된 것 같다.

2009년 현재 전 세계 123개국 해군 가운데 이지스함을 보유한 국가는 겨우 5개국뿐이다. 따라서 이지스함에는 그 나라의 해군을 상징할 수 있는 함명을 붙이게 되었다. 일본은 구 해군의 전함이나 중순양함의 이름을 붙인다. 다른 나라들은 해군과 관련 깊은 인물의 이름을 붙인다. 예를 들어, 미국 해군은 해군 참모총장을 지낸 알레이 버크(Arleigh Burke) 대장의 이름을 땄다.

언젠가 요코스카에서 스테뎀을 방문했을 때, 스테뎀이 어떤 위대한 장군인지 물었다. 그러자 공보관은 "이 함정의 이름은 로버트 딘 스테뎀 이병의 이름에서 따왔습니다."라고 대답했다. 나는 솔직히 이병의 이름이 이지스함명이 되었다는 사실에 매우 놀랐다. 스테뎀 이병은 1985년 6월 14일에 아테네 상공에서 납치된 TWA 847편의 승객 152명 가운데, 미국 군인이라는 이유만으로 사살된 희생자였다. 공보관은 이렇게 말했다.

"스테뎀 이병의 큰 용기는 승조원의 자랑입니다."

이지스함을 알면 알수록 국가의 입장, 해군의 작전, 승조원의 자부심 등을 느낄 수 있었다. 만약 이 책을 계기로 이지스함에 흥미를 갖게 된다면, 이지스함 공개 행사가 열릴 때 꼭 둘러보기 바란다. 세계 최강의 전투함의 위용에 압도될 것이 틀림없을 뿐 아니라, 함정을 조종하는 승조원의 이야기에서는 바다의 로망도 느낄 수 있을 것이다.

2009년 7월

가키타니 데쓰야

# 차례

# 제 1 장

# 이지스함은 무엇인가?

'이지스함'이라는 말은 누구나 한 번 정도는 들어봤을 것이다.
그러나 어떤 특징을 지닌 함정인지 정확히 알고 있는 사람은 드물다.
이 장에서는 이지스함을 개관하기로 한다.

일본 해상자위대의 이지스 호위함 '기리시마'. 하와이 근해에서 훈련 중인 광경이다.
(사진 : 가키타니 데쓰야)

# 이지스함이 필요한 이유 ❶
## – 항공모함을 노리는 소련의 폭격기

이지스함은 미국 해군이 처음으로 개발하여 2009년 현재, 이지스함을 보유한 나라는 5개국이다. 미국 해군은 이지스함을 절실히 원했다. 동서 냉전 시절, 미국 해군 항공모함 기동함대의 가장 큰 위협은 소련 공군과 해군의 장거리 폭격기였다. 소련은 항공모함 함대가 없었기 때문에, 폭격기로 미국 항공모함 함대에 대응하려 했다. 항공모함은 값비싼 무기 체계이므로, 만에 하나 격침되기라도 한다면 국민은 막대한 정신적 타격을 입을 것이다. 소련은 냉전 중에 쿠바 위기 같은 핵전쟁 일보 직전까지 사태가 일어났을 때 항공모함을 격파하기 위해 장거리 폭격기를 배치했다. 이때 미국은 함대를 방어할 수단을 강구하기 시작했다.

미국은 진주만(Pearl Harbor)을 공격당하고 나서, 함정은 공중으로부터의 공격에 취약하다는 점을 통감했다. 제2차 세계대전 후 새로운 위협으로 대두된 소련의 공중 위협에 대처하기 위해 대공 미사일 개발에 힘을 쏟았다. 그러나 대공 미사일의 명중 정밀도와 대공 레이더의 능력, 그리고 연속 사격 능력 등이 불충분했다. 적의 폭격기 위협에 대처하기 위해서는 항공모함의 전투기에 의존해야 했다. 소련의 항공모함 공격 전술은 대량의 전력을 동시에 집중 투입하여 방어 측의 방공 능력을 무력화하는 방법을 사용한다. 미국은 항공모함의 전투기와 호위구축함의 대공 미사일만으로는 집중공격을 당해낼 수 없다고 판단하고, 방공 시스템을 근본적으로 재검토하기 시작했다.

일본 해군의 진주만 공격은 미국에 공중기습의 공포를 각인시켜서, 방공 시스템을 재검토하도록 만들었다.
(사진 제공 : 미국 해군)

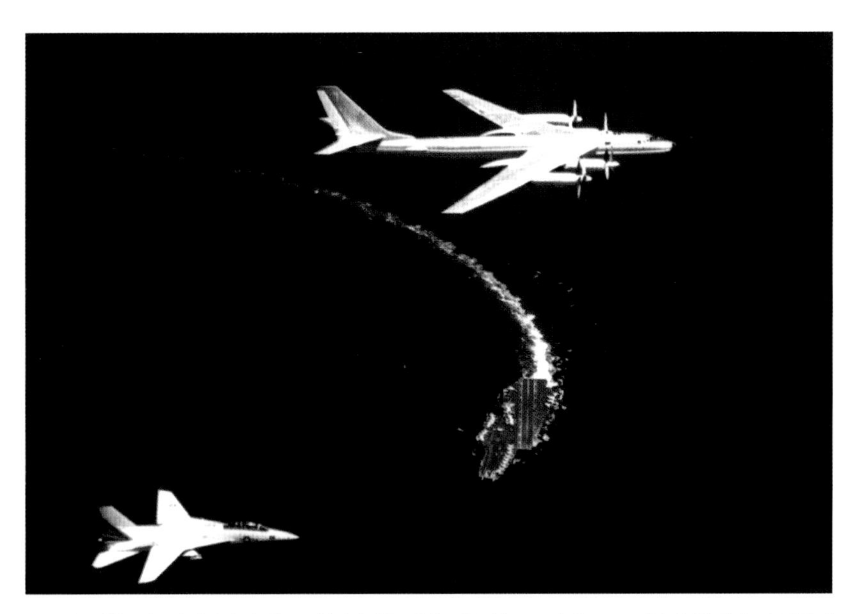

1981년 12월 1일, 태평양에서 항공모함 '키티호크'에 접근하는 소련의 Tu-95(사진 위쪽)와, 요격하러 나선 F-14A(사진 아래쪽). 냉전 시절, 소련이 이런 정찰 활동을 반복적으로 강행했기 때문에, 대공 미사일을 강화해야 한다는 목소리가 커졌다.
(사진 제공 : 미국 해군)

# 이지스함이 필요한 이유 ❷
## – 항공모함이 대지 공격에 전념하기 위해

1970년대, 미국 해군의 연구 기관과 방위산업체 록히드 마틴이 획기적인 방공 체계 이지스 시스템을 고안해냈다. **이지스 시스템**은 강력한 레이더와 고성능 컴퓨터로 적기를 원거리에서 탐지해서, 컴퓨터로 처리, 위협의 우선순위를 결정해서 위협이 큰 표적부터 순차적으로 대응할 수 있도록 해주는 방공 체계이다.

미국 해군은 이전까지의 체계로는 불가능했던 일을 할 수 있게 되자 이 시스템을 순양함과 구축함에 장착하기로 정식 결정했다. 그리하여 1983년, 타이콘데로가급 순양함 1번 '타이콘데로가(Ticonderoga)'에 이지스 시스템을 장착했다. 항공모함 기동함대를 이지스함이 호위함으로써 항공모함의 전투기는 방공이 아니라 원래 목적인 대지 공격에 힘을 쏟을 수 있게 되었다. 즉, 이지스함의 등장은 함대 방공에 공헌하여 **항공모함이 대지 공격 임무에 전념**할 수 있게 되었다.

일본은 항공모함이 없기 때문에 이지스함을 보유하는 이유는 달랐다. 일본 해상자위대는 호위함을 보유하고 있다. 다른 나라는 구축함으로 분류하는 함정이다. 일본은 호위함에 이지스 시스템을 갖추었다. 일본 해상자위대 호위함의 임무는 일본의 생명줄인 **유조선과 화물선의 항로(sea lane)를 지키는 것**이다.

이지스 시스템을 테스트하고 있는 '노턴 사운드'. 함교 윗부분에 독특한 이지스 레이더를 갖추었다.
(사진 제공 : 미국 해군)

1983년 1월에 취역한 타이콘데로가급 순양함 1번 '타이콘데로가'. 베이스라인 0, 1(19쪽 참조)의 타이콘데로가급 순양함 5척은 이미 퇴역했다. (사진 제공 : 미국 해군)

# 이지스 무기 체계
## – 대공전을 중심으로 하는 무기

이지스함은 여러 가지 무기들을 체계화했다. 이지스와 관련된 시스템은 이지스 무기 체계(Aegis weapon system, AWS)와 이지스 전투 체계(Aegis combat system, ACS)로 나눌 수 있다. 일반적으로 이지스 시스템이라고 하면 이지스 무기 체계를 말한다.

그 이유는 간단하다. 이지스 무기 체계는 대공 레이더, 정보처리 장치, 대공 미사일로 구성되며 대공전을 목적으로 개발한 체계인 반면, 이지스 전투 체계는 적함을 공격하는 대수상전, 적 잠수함을 공격하는 대잠전, 그리고 적 지상 목표들을 공격하는 대지상전을 수행하기 위해, 이지스 개발 이전부터 존재했던 무기 체계 전반을 가리키기 때문이다.

이지스 무기 체계는 표적의 탐지 · 추적, 분석, 판단, 공격을 일괄처리한다. 수상함에 장착하는 무기 체계로서는 가장 뛰어난 체계이다. 미국 해군의 정식 명칭은 'Weapon System Mk 7'이다.

체계는 센서, 제어 장치, 무기 등 세 가지 분야로 구성된다. 표적을 탐지 · 추적하는 SPY-1 레이더(❶)는 이지스함의 외관적인 상징이라고도 할 수 있다.

제어 장치 지휘 · 결정 시스템(❷)은 비행 물체가 아군기인지 적기인지 판단하여 위협도나 공격 순서를 결정한다. 공격이 결정되면 무기 관제 시스템(❸)으로 미사일을 통제한다. 이지스 시현 시스템(❹), 자기 진단 시스템(❺), 이지스 전투 훈련 시스템(❻)도 제어 장치의 관련 기기이다. 사격 지휘 시스템(❼)도 제어 장치이다.

무기는 스탠더드 미사일(❾)과 수직 발사 시스템(❽)이 있다. 공격이 결정되면 수직 발사 시스템에서 대공 미사일을 발사하고, 사격 지휘 시스템으로 유도한다. 시스템 가운데 제어 장치의 대부분은 전투정보센터(combat information center, CIC)라는 방에 있다. 일본 해상자위대에서는 전투정보중추라고 한다.

이지스 무기 체계는 간단히 말해 탐지 · 추적→판단→공격을 반복한다. 이 과정은 이지스함이나 그 외의 수상함에서도 동일하다. 다만, 이지스함의 이지스 무기 체계는 고도로 자동화되어 있어서, 다른 함정과 결정적인 차이를 보인다. 예를 들어, 보통의 함정은 적기가 한꺼번에 여러 발의 미사일을 쏘면, 함장은 미사일마다 격추 지시를 내려야 한다. 따라서, 적기나 적 미사일의 수가 많을 경우 제대로 대처하기 어렵게 된다. 그러나 이지스함의 경우, 사전에 모든 표적을 격추하도록 설정할 수 있다.

이 설정을 '자동 특별 모드'라고 하며, 한 번 설정하면 해제할 때까지 사람이 일절 개입하지 않고 모든 표적을 전자동으로 요격할 수 있다. 이것이야말로 이지스함의 가장 큰 장점이다. 그 외에 자동 모드, 반자동 모드, 수동 모드가 있어서 상황에 따라 선택해서 활용할 수 있다.

## 이지스 무기 체계의 구조

이지스 전투 체계 가운데 중심이 되는 대공전 구성 무기 9개를 이지스 무기 체계라고 한다. 이 9개 무기로 이루어진 구성품을 미국 해군에서는 'Weapon System Mk 7'이라는 정식 명칭으로 부른다.

**❶ SPY-1 레이더**

일반적으로 이지스 레이더라고 부른다. 적을 수색하기 위한 고성능 탐지 레이더다.

64쪽

156쪽

### 이지스 LAN 접속 시스템 (Aegis LAN interconnect system, ALIS)

**❷ 지휘 · 결정 시스템**

(command and decision system, C&D)

적의 위협도에 따라 자동으로 순위를 매겨서, 함장의 판단을 돕는 장치다.

**❸ 무기 관제 시스템**

(weapon control system, WCS)

공격에 필요한 미사일을 자동으로 선택하고, 관제하는 장치다.

**❹ 이지스 시현 시스템**

(Aegis display system, ADS)

대형 디스플레이와 관리 장치 등으로 구성되며, 전투 중의 정보를 일원화해서 시현하는 장치다.

**❺ 자기 진단 시스템**

(operational readiness and test system, ORTS)

시스템의 불량을 검출하고 올바르게 작동할 수 있도록 자동으로 복구하는 장치다.

**❻ 이지스 전투 훈련 시스템**

(Aegis combat training system, ACTS)

조작원의 훈련 장치다.

❼ **사격 지휘 시스템**
(fire control system, FCS)
대공 미사일을 관제하는 장치다. SPG-62 일루미네이터와 관제 장치로 구성된다.

108쪽

68쪽

70쪽
72쪽

❽ **수직 발사 시스템**
(vertical launching system, VLS)
미사일을 수직으로 수납하고 발사하는 장치다.

❾ **스탠더드 미사일**
(standard missile, SM)
표적을 요격하기 위한 미사일이다. SM-2와 SM-3 등 목적과 능력이 서로 다른 시리즈가 있다.

# 이지스 전투 체계
## – 운용하는 모든 무기를 통제

이지스 전투 체계는 앞서 설명한 대공전의 이지스 무기 체계에 대수상전, 대잠전, 대지상전 등에 사용하는 무기와 관제 장치를 더한, 이지스함 자체라고도 할 수 있는 시스템이다. 이지스함은 이전의 무기류도 다수 운용한다. 기존 무기의 관제 장치는 이지스 무기 체계의 관제 장치와 일원화하여 전투정보센터에서 일괄적으로 관리할 수 있다. 운용의 흐름은 이지스 무기 체계과 마찬가지로 탐지 · 추적→판단→공격이다.

예를 들어, 대잠전에서는 함수의 수면 아래에 있는 바우소나가 레이더 역할을 한다. 바우소나로 탐지한 잠수함의 위치는 대잠전 처리 장치로 해석한다. 여기까지는 통상의 함정과 동일한 방법이지만, 이지스 전투 체계에서는 대잠전 처리 장치의 정보를 이지스 시스템의 지휘 · 결정 체계에 보내서, 함장이 판단하도록 한다. 공격하기로 결정하면 대잠전 관제 장치로 ASROC을 발사하거나 어뢰를 발사한다.

토마호크 순항 미사일을 운용해야 할 경우에는 적을 수색하는 레이더는 필요 없지만, 위성통신을 통해 이지스 전투 체계로 표적의 위치, 공격시간, 공격장소, 공격규모 등을 수신한다. 이 정보를 토마호크 무기 관제 시스템에 보낸다. 해석된 정보는 전투정보센터에 집약된다. 함장은 디스플레이에 표시된 정보를 보고 토마호크 발사 타이밍을 정하고, VLS의 토마호크에 표적 정보를 입력해서 발사한다.

이 두 가지 예에서 알 수 있듯이 각 전투 상황의 흐름 안에서 전투정보센터와 LAN의 일부 및 수직 발사 시스템이 이지스 무기 체계이며, 그 외에는 이지스 전투 체계라고 할 수 있다. 다시 말해, 이지스함은 이지스를 위해 개발된 무기와 기존의 무기 체계를 조합한 전투함이다.

이지스 전투 체계에는 버전이 있다. 이 버전을 **베이스라인**(baseline)이라고 한다. 1980년에 등장한 최초의 이지스함 타이콘데로가급은 이지스 전투 체계 베이스라인 1(2번함까지를 베이스라인 0이라고도 한다)에서 시작하는데, 새로운 함정에 새로운 장치를 장착하면서 베이스라인을 업그레이드하였다. 베이스라인의 숫자가 클수록 새로운 버전이지만, 오래된 버전도 업그레이드하거나 특별한 임무를 위한 시스템을 장착할 수 있기 때문에 베이스라인의 숫자만으로 전투력의 강약을 판단할 수는 없다.

그런데 베이스라인 1을 설치한 5척은 수직 발사 시스템을 장비하지 않아서 이미 퇴역했다. 계속 운용하려면 수직 발사 시스템으로 개조해야 했지만, 비용이 만만치 않아서 개조할 수 없었다. 현재 수직 발사 시스템을 운용하는 이지스함은 선체가 노후화될 때까지 발전할 것으로 보인다. 장래에 등장하게 될 새로운 대공 미사일도 기존의 수직 발사 시스템으로 운용할 수 있도록 개발되고 있다.

베이스라인 6 페이즈 1 이후에는 민간 컴퓨터 기술도 사용하였다. 베이스라인 7 페이즈 1부터는 민수용 컴퓨터 프로세서를 사용하였고, 그 외에도 많은 민수용 제품을 채용하였다. 이를 이지스 전투 체계의 개방형 구조(open architecture)라고 하며, 앞으로도 이런 방식이 늘어날 것이다.

## 이지스 전투 체계의 운용 개념

### 수신 장치

SPY-1 레이더 64쪽

대수상 레이더 152쪽

피아 식별 장치 106쪽

### 기타 수신 장치

전술 단말기
공동 교전 시스템
해상 지휘 정보 시스템
지휘 통제 처리 장치
(전술 데이터 링크) 등

### 제어 장치 156쪽

지휘 · 결정 시스템
무기 관제 시스템
이지스 시현 시스템
자기 진단 시스템
이지스 전투 훈련 시스템

방해 전파 탐지 장치 92쪽

바우소나 88쪽

디핑소나 116쪽

## 공격 장치

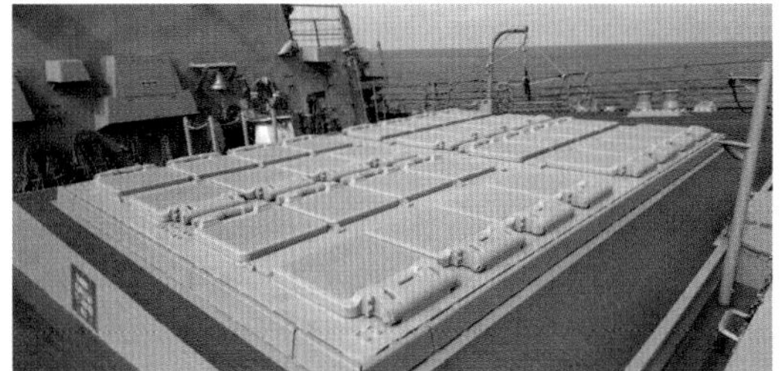
수직 발사 시스템 68쪽

스탠더드 미사일 70쪽, 72쪽

일루미네이터 108쪽

토마호크 78쪽

5인치(127mm) 포 84쪽

CIWS 팰랭크스 82쪽

어뢰 90쪽

헬리콥터 98쪽

## 기타 방어 장치 등

The Strongest Shield

# 이지스함과 통상 함정의 차이
## – 압도적인 방공 능력을 갖춘 이지스함

이지스함이 다른 수상 전투함과 다른 점은 방공 시스템이 우수하다는 것이다. 이지스함의 SPY-1 레이더는 통상 함정의 레이더에 비해 적을 수색할 수 있는 거리가 훨씬 길고, 자연환경에 의한 전파 감쇠가 적으므로 감도가 좋다. 따라서 적 공격기나 전투기의 입장에서 이지스함은 가장 큰 위협이다.

이지스함과 통상 함정의 가장 큰 차이점은 대공 레이더와 그 처리 능력이라고 할 수 있다. 그만큼 대공 레이더는 고가의 무기이다. 따라서 지휘관이 고급 장교라는 점도 커다란 차이이다.

적 함대 사령관이 맨 처음으로 노리는 함정은 이지스함일 것이다. 그 이유는 몇 가지가 있다.

첫째, 전술 면의 이유가 있다. 이지스함은 함대의 방공을 담당하므로, 먼저 이지스함부터 쓰러뜨리면 그 외의 통상 함정을 손쉽게 공격할 수 있기 때문이다. 이지스함을 쓰러뜨리지 않고 먼저 통상 함정을 공격하면, 통상 함정을 지키는 이지스함에서 발사되는 대공 미사일에 의해 공격기나 대함 미사일이 차례대로 격추되어, 나중에 이지스함을 공격할 여력이 없어진다. 또한, 미국 이외의 이지스함 보유국에서는 이지스함이 기함(旗艦)이어서 지휘관이 승함하고 있을 가능성이 높다. 적의 우두머리를 쓰러뜨리면 함대의 지휘 계통에 혼란을 야기할 수 있다.

둘째, 값비싼 공격 표적이라는 이유가 있다. 고가의 무기를 파괴하면 적국의 국민에게도 막대한 정신적 타격을 입힐 수 있다.

타이콘데로가급의 토대가 된 스프루언스급 구축함. 사진은 2003년까지 취역한 22번함 '피아프'다. 이지스함은 아니지만, 능력이 높은 구축함이었다. (사진 제공 : 미국 해군)

2005년까지 운용한 초기형(베이스라인 1) 타이콘데로가급 순양함 '빈센스'. 상부 구조물의 배치 등이 스프루언스급과 닮았지만, 이지스 시스템을 장착했으므로 함교부 레이더의 외관이 다르다. (사진 제공 : 미국 해군)

# 군함의 분류와 이지스함과의 관계
## – 이지스 시스템을 장착한 함정이 이지스함

'군함'은 국제법의 정의에 따르면 '군에 소속되어, 군 장교에 의해 운항되고, 해군기 등 국적을 나타내는 깃발을 게양하며, 군인이 승무하는 함정'이다. 소속이 해군인지 육군인지, 무기를 운용하는지 안 하는지 등은 관계없다. 군함은 그 임무에 따라 크게 **수상함**과 **잠수함**으로 나눌 수 있다. 그리고 수상함은 전투의 주력이 되는 **수상 전투함**과, 전투를 지원하는 **지원함**으로 나눌 수 있다. 항공모함을 제외한 수상 전투함은 일반적으로 배수량의 크기에 따라 **순양함**(cruiser), **구축함**(destroyer), **프리깃**(frigate), **코르벳**(corvette)으로 분류한다. **전함**(battleship)은 순양함보다 큰 함정을 가리키지만, 미국의 아이오와급 전함이 퇴역한 1991년 이후에는 등장하지 않았으므로 세계적으로 현역 전함은 존재하지 않는다.

다만 실제로는 크기에 따른 구분이 명확하지는 않다. 예를 들어, 일본 해상자위대의 '아타고(Atago)'형 호위함 등은 기존의 순양함 크기다. 유럽 각국에서 주력 프리깃은 구축함과 비슷한 규모도 있다. 장착하는 장비에서도 구축함과 프리깃 사이의 차이가 줄어들었다. 중고로 수출된 프리깃을 사용국에서 구축함이라고 새로 명명하는 경우도 있다. 이처럼 수상 전투함의 함종은 각 나라의 사고방식에 따라 달라진다.

원래 군함의 종류에 이지스함이라는 구분지는 없고, **이지스 시스템을 장착한 함정을 모두 이지스함**이라고 부른다. 현재, 미국의 순양함과 구축함은 모두 이지스함이다. 스페인과 노르웨이는 이지스함을 프리깃으로 분류한다. 한국의 이지스함은 구축함이다. 일본 해상자위대에서는 호위함이라고 부르기 때문에, 이지스함은 호위함의 일종이다.

## 배수량과 선체의 크기를 기준으로 한 군함의 분류

### 미국 해군의 군함

전함(battleship)
(아이오와급: 전체 길이 270m, 만재 배수량 58,000톤)

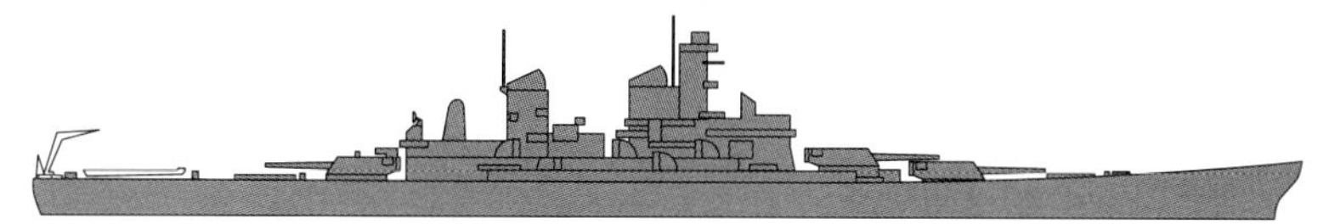

순양함(cruiser)
(타이콘데로가급: 전체 길이 173m, 만재 배수량 9,600톤)

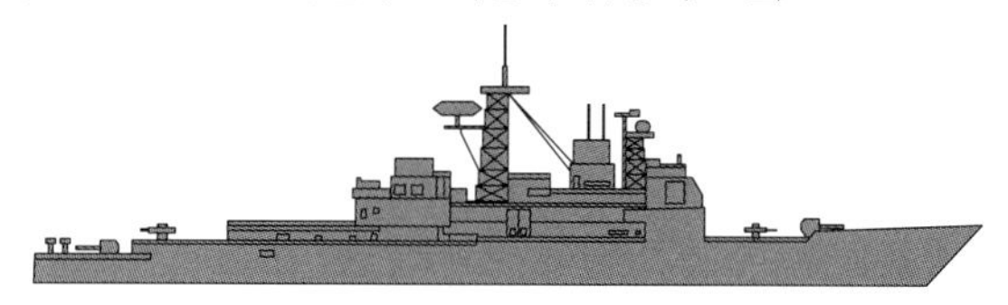

구축함(destroyer)
(알레이 버크급 플라이트 II A: 전체 길이 155m, 만재 배수량 9,200톤)

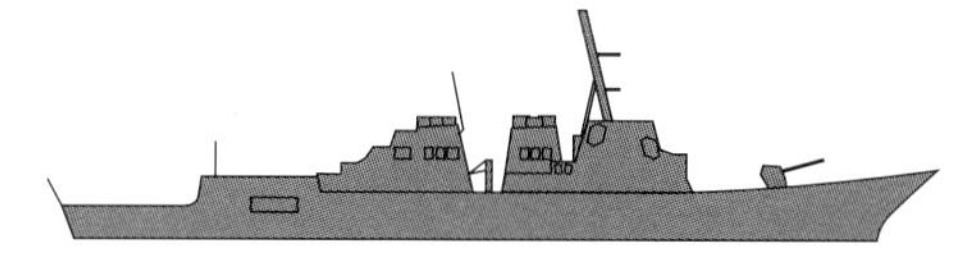

프리깃(frigate)
(올리버 해저드 페리급: 전체 길이 135m, 만재 배수량 4,100톤)

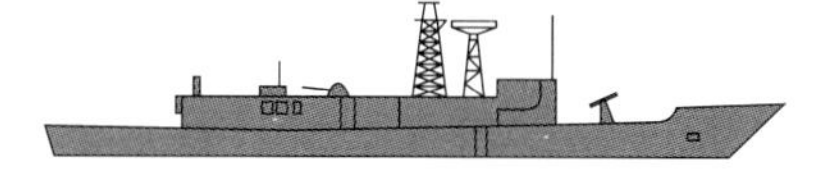

초계정(patrol boat)
(사이클론급: 전체 길이 52m, 만재 배수량 331톤)

# 이지스함의 부대 편제
## – 미국 해군 ❶

이지스 시스템은 매우 비싸다. 그러나 미국 해군의 모든 순양함과 구축함은 이지스함이며 무려 77척에 달한다. 게다가 건조 중인 이지스함도 많다. 이 정도의 양이면 해군이 수행할 수 있는 거의 모든 작전에 투입할 수 있다. 항공모함 함대를 호위하는 임무뿐 아니라, 단독으로 초계와 감시 활동을 할 수도 있다. 이번에는 항공모함타격단(carrier strike group, CSG)의 표준적인 편성에 관해 설명한다.

항공모함타격단의 사령부는 항공모함 안에 있다. 이를 기함이라고 부른다. 기함의 '기(旗)'는 사령관이 있음을 의미한다. 표준적인 항공모함타격단은 니미츠급 원자력 항공모함(또는 엔터프라이즈급 원자력 항공모함) 1척을 기함으로 삼고, 타이콘데로가급 순양함 1~2척, 알레이 버크급 구축함 2~3척, 로스앤젤레스급 원자력 잠수함 1~2척으로 편성된다.

이지스함인 타이콘데로가급 순양함은 항공모함의 직위함이다. 다른 함정이 전멸해도 항공모함을 사수해야만 하는 역할을 지닌다. 또 다른 이지스함인 알레이 버크급 구축함은 구축함전대(destroyer squadron, DESRON)에서 파견되어 함대를 둘러싸고, 적 항공기, 대함 미사일, 잠수함으로부터 함대를 보호한다. 적 수상함을 발견하면 함대를 벗어나 적함을 유인하는 임무도 있다. 로스앤젤레스급 원자력 잠수함은 잠수함전대(submarine squadron, SUBRON)에서 파견되며, 그 역할은 함정의 훨씬 전방에서 적의 잠수함이나 수상함이 없는지 정찰하는 것이다. 그리고 연료, 탄약, 부품, 식량 등을 보급하는 보급함이 뒤따른다.

## 미국 항공모함타격단의 편성 사례

**원자력 항공모함(니미츠급 또는 엔터프라이즈급): 1척**
**순양함(타이콘데로가급): 1~2척**
**구축함(알레이 버크급): 2~3척**
**원자력 잠수함(로스앤젤레스급): 1~2척**

대잠전 훈련을 끝낸 후 태평양을 항진하는 항공모함타격단. 니미츠급 항공모함 '존 C. 스테니스'와 일본 해상자위대의 자위함. (사진 제공 : 미국 해군)

'에이브러햄 링컨'을 중심으로 한 항공모함타격단. 항공모함 뒤쪽의 2척은 알레이 버크급이고, 그 뒤쪽은 타이콘데로가급이다. (사진 제공 : 미국 해군)

# 이지스함의 부대 편제
## – 미국 해군 ❷

타이콘데로가급 순양함(cruiser guided missile, CG)은 항공모함타격단이나 수상전단(naval surface group, NSG)의 직할이다. 그리고 알레이 버크급 구축함(destroyer guided missile, DDG)은 구축함전대에 소속되며, 항공모함타격단이 작전에 나설 때 각 구축함전대에서 몇 척씩 파견된다. 그리고 CG는 미국 해군이 유도 미사일 순양함에 붙이는 함종 기호이고, DDG는 유도 미사일 구축함에 붙이는 함종 기호다. 다음은 미국 해군에서 이지스함의 배비 상황이다. 각 타격단, 각 구축함전대, 함명 옆에 있는 지명은 모항(母港)을 가리킨다(2009년 6월 현재).

---

### 항공모함타격단

**제2항공모함타격단(노퍽)**
레이테 걸프(CG 55)
벨라 걸프(CG 72)

**제3항공모함타격단(샌디에이고)**
앤티텀(CG 54)
레이크 샘플레인(CG 57)

**제5항공모함타격단(요코스카)**
카우펜스(CG 63)
샤일로(CG 67)

**제7항공모함타격단(샌디에이고)**
챈슬러스빌(CG 62)

**제8항공모함타격단(노퍽)**
안치오(CG 68)
노르망디(CG 60)

**제9항공모함타격단(에버릿)**
모빌 베이(CG 53)

**제11항공모함타격단(코로나도)**
프린스턴(CG 59)
벙커 힐(CG 52)

**제12항공모함타격단(노퍽)**
샌재신토(CG 56)
게티스버그(CG 64)
빅스버그(CG 69)

### 수상전단

**수상전단**
필리핀 시(CG 58)(메이포트)
후에 시티(CG 66)(메이포트)
몬트레이(CG 61)(노퍽)
케이프 세인트 조지(CG 71)(샌디에이고)

수상전단 중부 태평양
초신(CG 65)(진주만)
레이크 에리(CG 70)(진주만)
포트 로열(CG 73)(진주만)

## 구축함전대

제1구축함전대(샌디에이고)
스터렛(DDG 104)

제2구축함전대(노퍽)
알레이 버크(DDG 51)
스타우트(DDG 55)
곤잘레즈(DDG 66)
도널드 쿡(DDG 75)
포터(DDG 78)
포레스트 셔먼(DDG 98)

제7구축함전대(샌디에이고)
디케이터(DDG 73)
벤폴드(DDG 65)
하우어드(DDG 83)
홀지(DDG 97)
그리들리(DDG 101)

제9구축함전대(에버릿)
몸슨(DDG 92)
샤우프(DDG 86)

제15구축함전대(요코스카)
커티스 윌버(DDG 54)
존 S. 매케인(DDG 56)
피츠제럴드(DDG 62)
스테뎀(DDG 63)
래슨(DDG 82)
매캠벨(DDG 85)
머스틴(DDG 89)

제21구축함전대(샌디에이고)
밀리우스(DDG 69)
프레블(DDG 88)
키드(DDG 100)

제22구축함전대(노퍽)
콜(DDG 67)
메이슨(DDG 87)
머핸(DDG 72)
맥폴(DDG 74)
니체(DDG 94)

제23구축함전대(샌디에이고)
존 폴 존스(DDG 53)
히긴스(DDG 76)
핀크니(DDG 91)
샘프슨(DDG 102)

제24구축함전대(메이포트)
카니(DDG 64)
더 설리번스(DDG 68)
루스벨트(DDG 80)
패러것(DDG 99)

제26구축함전대(노퍽)
로스(DDG 71)
오스카 오스틴(DDG 79)
윈스턴 S. 처칠(DDG 81)
버클리(DDG 84)
제임스 E. 윌리엄스(DDG 95)

제28구축함전대(노퍽)
배리(DDG 52)
미처(DDG 57)
라분(DDG 58)
래미지(DDG 61)
베인브리지(DDG 96)

제31구축함전대(진주만)
채피(DDG 90)
충훈(DDG 93)
호퍼(DDG 70)
오케인(DDG 77)
폴 해밀턴(DDG 60)
러셀(DDG 59)

# 이지스함의 부대 편제
## – 일본 해상자위대 ❶

일본 해상자위대의 부대 편제에서 가장 큰 단위인 **자위함대**에는 **호위함대**, **잠수함대**, **항공집단** 등이 있으며, 해상자위대의 중심적인 역할을 담당한다. 이 호위함대 아래에는 4개의 **호위대군**이 있고, 호위대군은 2개의 **호위대**로 편성되며, 1개의 호위대는 4척으로 구성된다. 즉, 호위대는 전부 8개이고, 그중 6개 호위대에 이지스함이 배치되어 있다.

일본 해상자위대에는 '아타고'형 호위함 2척과, '곤고'형 호위함 4척 등 2종 6척의 이지스함이 있다. 주변국과 인접한 동해 및 중국군의 활동이 활발한 규슈 서방 해역에 면한 사세보 기지에는 제2호위대에 '아시가라', 제5호위대에 '곤고', 제6호위대에 '조카이'가 배치되었다. 동해에 면한 마이즈루 기지에는 제3호위대에 '아타고', 제7호위대에 '묘코'가 배치되었다. 태평양에 면한 요코스카 기지에는 제8호위대에 '기리시마'가 배치되었다.

특히 동해로 진출하기 쉬운 곳에 있는 사세보 기지와 마이즈루 기지의 '곤고'형에는 탄도 미사일을 방어하는 능력이 추가된 **이지스 BMD**(Aegis ballistic missile defense)를 장착해서 북한의 탄도 미사일을 동해에서 요격할 수 있는 체제를 갖췄다. 이지스 BMD는 순차적으로 다른 기지의 '곤고'형에도 장착될 예정이다.

각 이지스함은 소속된 호위대나 다른 호위대의 소속함과 연대해서 행동하거나 단독으로 행동한다. 이지스함은 특별한 성능을 지닌 한정된 호위함이다. 그러므로 경계 감시 활동이나 대기 등의 임무는 정비 스케줄에 맞춰 순환 체제를 취하며, 경비의 공백이 없도록 조정한다.

## 호위함대의 기지

일본 해상자위대 요코스카 기지. 왼쪽부터 '곤고', '아스카', '이카즈치', '오나미'다. '곤고'는 이지스함이고, '아스카'는 함재무기를 실험하기 위한 시험함이다.

일본 해상자위대 마이즈루 기지. 사진 앞쪽에 보급함 '마슈', 사진 뒤쪽에 호위함 '하마유키'가 보인다.

일본 해상자위대 사세보 기지. 호위함 '구라마'(사진 오른쪽)와 보급함 '하마나'가 보인다.

# 이지스함의 부대 편제
## – 일본 해상자위대 ②

일본 해상자위대의 호위대는 일본의 영해를 경비하고, 일본의 생명줄인 항로의 안전을 확보하는 것이 주요 역할이다. 재해파견이나 국제공헌 임무도 맡는다.

호위대에 소속된 호위함은 방공을 주 임무로 하는 이지스함 등 유도 미사일 호위함(DDG) 외에, 다목적 임무가 있는 범용 호위함(destroyer, DD)으로 편성된다. 3대의 헬리콥터를 운용할 수 있는 호위함(destroyer helicopter, DDH)은 4개의 호위대군에 1척씩 배치된다.

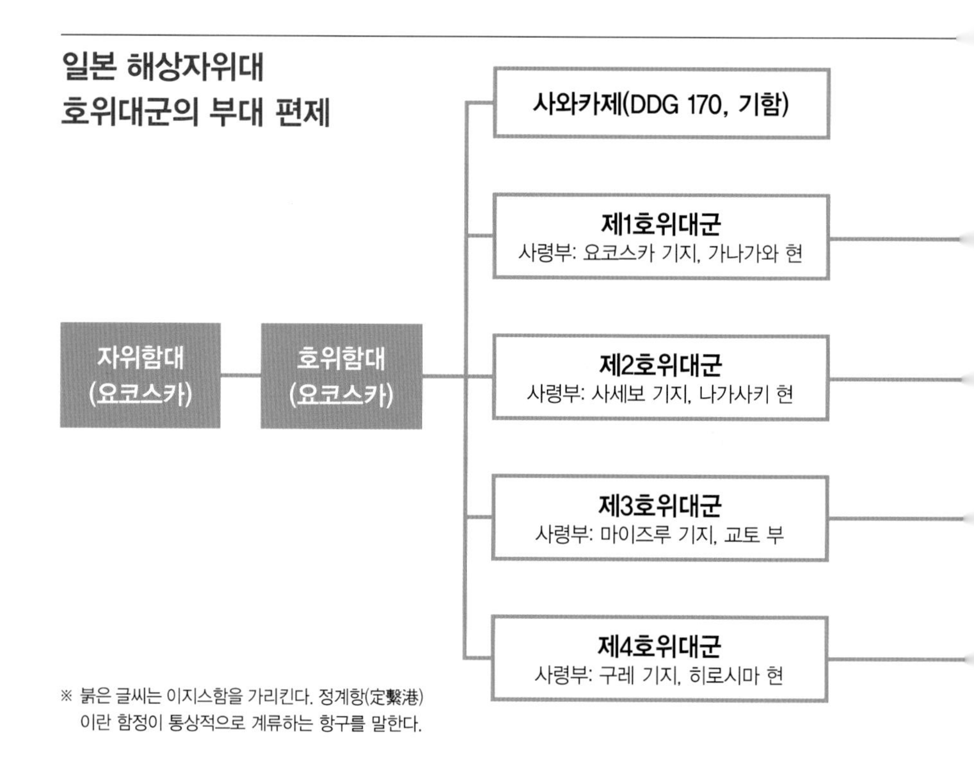

호위함대의 기선인 '사와카제'. (출처: 일본 해상자위대 홈페이지)

각 호위함은 같은 호위대에서 행동하는 것은 물론, 다른 호위대의 호위함과 합동으로 임무를 수행하거나, 유연한 운용을 할 수 있도록 평상시 훈련에 임한다. 다음은 호위함대 예하에 있는 호위대군과 호위대에 소속된 호위함의 배치를 나타내는 표다.

| 호위대 | 기지 | 함명 | 정계항 | 함명 | 정계항 |
|---|---|---|---|---|---|
| 제1호위대 | 요코스카 | 휴가(DDH 181) | 요코스카 | 시마카제(DDG 172) | 사세보 |
| | | 무라사메(DD 101) | 요코스카 | 아케보노(DD 108) | 구레 |
| 제5호위대 | 요코스카 | 곤고(DDG 173) | 사세보 | 이카즈치(DD 107) | 요코스카 |
| | | 스즈나미(DD 114) | 마이즈루 | 사와기리(DD 157) | 사세보 |
| 제2호위대 | 사세보 | 구라마(DDH 144) | 사세보 | 아시가라(DDG 178) | 사세보 |
| | | 유기리(DD 153) | 오미나토 | 아마기리(DD 154) | 마이즈루 |
| 제6호위대 | 사세보 | 조카이(DDG 176) | 사세보 | 하루사메(DD 102) | 요코스카 |
| | | 다카나미(DD 110) | 요코스카 | 오나미(DD 111) | 요코스카 |
| 제3호위대 | 마이즈루 | 시라네(DDH 143) | 마이즈루 | 아타고(DDG 177) | 마이즈루 |
| | | 마키나미(DD 112) | 사세보 | 세토기리(DD 156) | 오미나토 |
| 제7호위대 | 마이즈루 | 묘코(DDG 175) | 마이즈루 | 유다치(DD 103) | 사세보 |
| | | 기리사메(DD 104) | 사세보 | 아리아케(DD 109) | 사세보 |
| 제4호위대 | 오미나토 | 히에이(DDH 142) | 구레 | 하타카제(DDG 171) | 요코스카 |
| | | 하마기리(DD 155) | 오미나토 | 우미기리(DD 158) | 구레 |
| 제8호위대 | 구레 | 기리시마(DDG 174) | 요코스카 | 이나즈마(DD 105) | 구레 |
| | | 사미다레(DD 106) | 구레 | 사자나미(DD 113) | 구레 |

# 이지스함의 가격
## – 600억 엔대부터 1,000억 엔대를 넘는 것까지

현재 미국 해군의 현역 순양함과 구축함은 모두 이지스함이며, 그 수는 77척에 달한다. 고가의 이지스함을 이렇게나 많이 갖추는 것은 막대한 국방 예산을 쓰는 미국이기에 가능한 일이다. 대부분의 국가는 이지스함을 구입하기는 커녕 통상 전투함조차 신형으로 구입하기가 쉽지 않다.

그러면 현재 이지스함을 보유하는 일본, 한국, 스페인, 노르웨이는 특별한 나라일까? 그 외의 선진국은 왜 이지스함을 구입하지 않을까? 그 이유는 이지스함의 비싼 가격과 치열한 무기 산업 경쟁 때문이다.

미국 해군이 1981년에 배비한 타이콘데로가급 순양함은 스프루언스(Spruance)급 구축함을 토대로 이지스 시스템을 장착했다. 가격은 스프루언스급의 약 1.5배인 약 1,200억 엔이다. 선체를 신규로 설계한 알레이 버크급 구축함도 약 1,170억 엔이었다. 일본의 경우 '곤고'형이 약 1,223억 엔, '아타고'형이 약 1,453억 엔이다. 한국의 세종대왕급은 약 1,230억 엔이었다.

하지만 노르웨이의 이지스함은 **다른 나라의 반액인 600억 엔대**다. 이는 이지스 레이더로 SPY–1D를 선택하지 않고, 능력이 약간 떨어지는 **SPY–1F와 간이형 정보처리 시스템**을 선택했기 때문이다. 제작사는 다른 선진국에도 이지스 시스템을 권했지만 영국, 프랑스, 네덜란드, 독일, 이탈리아는 이지스 시스템을 선택하지 않고, 유럽 기업에 이지스 시스템과 비슷한 방공 시스템을 독자적으로 개발하도록 의뢰해서 결과적으로 700~900억 엔 정도의 가격으로 고성능 방공함을 도입했다.

미국 해군의 이지스 구축함 '도널드 쿡'과 그 뒤를 따르는 스페인 해군의 이지스 프리깃 '알바로 데 바산'. 같은 이지스함이지만 레이더와 처리 능력에서 큰 차이를 보인다. 스페인의 이지스함 가격은 미국의 반액이지만, 다른 나라 해군의 방공 능력보다는 훨씬 높은 수준이다. (사진 제공 : 미국 해군)

# 이지스함을 보유할 수 있는 조건
## – 이지스함을 한꺼번에 여러 척 생산하면 저렴해진다

미국 해군은 자국의 모든 구축함과 순양함에 이지스 시스템을 장착했다. 그러나 이지스함은 고가이므로 막대한 국방 예산을 사용하는 미국으로서도 부담이 커서 되도록이면 건조 비용을 줄이려고 한다. 제작사로서는 한꺼번에 많은 이지스 시스템(특히 레이더)을 생산하면 비용을 낮출 수 있으므로, 미국 국방부는 동맹국에 이지스를 수출할 수 있도록 허가했다. 그렇게 해서 이지스의 가격을 낮췄다.

아시아의 강력한 동맹국인 일본과 NATO의 파트너인 스페인과 노르웨이에 이지스 시스템을 제공하기로 했다. 그리고 최근에는 또 하나의 아시아 동맹국인 한국에 수출을 허가했다. 한국도 한정된 국방비 때문에 이지스 시스템의 가격이 문제가 되었다. 하지만 같은 시기에 일본에서 1세트, 미국에서 3세트를 발주했기 때문에 그에 편승해서 저렴하게 구입할 수 있었다. 또한, 호주도 앞으로 이지스함을 운용할 예정이다.

이지스함을 보유하고 싶어 하는 나라는 많지만, 이지스함을 구입하려면 일단 미국 정부의 허가를 받아야 한다. 전 세계 123개국 해군에는 프리깃보다 큰 함정이 1,000척 정도 있다. 미국의 이지스함을 제외하면 약 925척이다. 이지스함이 차지하는 비율이 약 1.8%에 불과하다는 뜻이다. 대부분의 해군이 프리깃조차 보유하기 힘들기 때문에, 이지스함은 극히 한정된 소수의 해군만이 보유할 수 있는 군함이라고 할 수 있다.

'세계 이지스 클럽'의 새로운 멤버가 된 한국. 한국 해군의 재정 규모로 이지스 시스템을 도입하기는 쉽지 않았다. 사진은 2008년 12월에 취역한 한국 해군의 이지스함 '세종대왕함'이다.

(사진 제공 : PLATOON MAGAZINE)

## 각국 이지스함 보유 현황

| 국가 | 수량 |
|---|---|
| 미국 | 77(7) |
| 일본 | 6 |
| 스페인 | 4(2) |
| 노르웨이 | 5 |
| 한국 | 1(2) |
| 호주 | 0(3) |

※ 괄호는 발주한 수량

The Strongest Shield

# 타이콘데로가급 순양함 – 초기형

타이콘데로가급 순양함은 스프루언스급 구축함을 토대로 이지스 전투 체계를 장착한 최초의 실용 이지스함이다. 1983년에 1번 '타이콘데로가'가 배비되었다. 만재 배수량은 스프루언스급 구축함보다 1,900톤 큰 9,600톤이다. 스프루언스급 구축함과 비교하면 이지스 전투 체계 외에는 커다란 차이가 없으므로 늘어난 약 1,900톤 분량이 이지스 시스템과 관련된 기기라고 할 수 있다.

1번과 2번은 이지스 전투 체계 베이스라인 0으로 분류되며, 3번부터 5번까지는 이지스 전투 체계 베이스라인 1로 분류된다. 이 차이는 운용하던 커만 **SH-2F 시스프라이트** 대잠 헬리콥터를 시코르스키 **SH-60B 시호크**로 바꾼 데서 비롯된다. 이 두 기종은 잠수함의 수색 능력이나 모함과의 데이터 링크 능력이 서로 다르기 때문에 구분했다. 하지만 후에 1번과 2번 모두 SH-60B를 운용할 수 있도록 기기를 바꾸었기 때문에 베이스라인 0과 1의 차이는 사라졌다.

이 5척의 타이콘데로가급은 항공모함의 직위함으로 배비되었다. 그런데 미사일 발사기를 회전식인 **Mk26**에서 수직 발사형인 **Mk41**로 개량한 타이콘데로가급이 등장하자, 후기형이 항공모함의 직위함이 되었고 범용 호위, 대지 공격 지원, 상륙함대 호위 등의 임무를 겸임하게 되었다. 그리고 5척의 초기형 타이콘데로가급은 2005년 말까지 전부 퇴역했고, 현재 배비된 모든 타이콘데로가급은 Mk41을 장비한 후기형이다.

초기형 타이콘데로가급은 앞뒤의 갑판에 Mk26 미사일 발사기를 지녔기 때문에 외관으로 후기형 타이콘데로가급과 식별할 수 있다. 사진은 '빈센스'다. (사진 제공 : 미국 해군)

함미의 헬리콥터 갑판 뒤쪽에 Mk26 미사일 발사기가 설치되었음을 알 수 있다. Mk26이 한 번에 쏘는 미사일의 수는 최대 2발이다. 그 이상 쏘려면 시간을 두고 재장전해야 한다. 사진은 '빈센스'다. (사진 제공 : 미국 해군)

# 타이콘데로가급 순양함 – 후기형

리스크형인 미사일 발사기 Mk26을 **Mk41 VLS**(vertical launching system)로 변경한 것이 후기형 타이콘데로가급 순양함의 가장 큰 특징이다. 미사일 발사기를 수직 발사 시스템으로 바꿈으로써 대공 미사일의 연속 발사에 걸리는 시간을 단축하여, 함대 방공의 능력이 크게 향상되었다. 또한, 토마호크 순항 미사일을 운용할 수 있게 되어, 내륙 깊숙한 곳까지도 공격할 수 있게 되었다. 이전에는 공군 폭격기의 전매특허였던 종심타격(deep strike)이 수상함에서 가능해짐으로써 해군의 역할이 한층 넓어졌다.

후기형 타이콘데로가급은 건조된 순서대로 3개의 베이스라인으로 분류할 수 있다. 베이스라인 2의 7척은 대잠 전술 시스템을 강화하고, 잠수함 소리를 탐지하는 바우소나와 예항소나로 얻은 소리 정보를 해석하며, 이 데이터를 대잠 헬리콥터와 공유해서 대잠전을 수행한다.

베이스라인 3의 6척은 이전의 SPY-1A 레이더에서 SPY-1B로 변경함으로써, 수신한 신호정보에서 노이즈를 감소시켰다. 타이콘데로가급의 최신형 9척은 베이스라인 4다. 레이더를 더욱 개량한 SPY-1B(V)를 장착했고, 이지스의 메인 컴퓨터도 혁신했다.

베이스라인 4 가운데 샤일로(Shiloh), 레이크 에리(Lake Erie), 포트 로열(Port Royal) 등 3척은 미사일을 요격할 수 있고 이지스 BMD 시스템을 장착했다. 즉, 적의 탄도 미사일을 요격하기 위한 전용 대공 미사일 'SM-3'을 장착했다.

후기형 타이콘데로가급의 최신형 '포트 로열'의 퇴역 연도는 2034년으로 예정되어 있다. 같은 타이콘데로가급이라도 초기형과는 장착한 시스템이 크게 다르므로, 아직 현역에서 충분히 활약할 수 있다.
(사진 제공 : 미국 해군)

후기형 타이콘데로가급의 '벨라 걸프(Vella Gulf)'. 헬리콥터 갑판 뒤쪽에 Mk41 VLS를 장비하고 있다.
(사진 제공 : 미국 해군)

The Strongest Shield

# 알레이 버크급 구축함
## – 플라이트 Ⅰ

알레이 버크급 구축함은 1991년에 1번이 취역한 미국 해군의 최신예 구축함이다. 타이콘데로가급 순양함이 스프루언스급 구축함을 토대로 이지스 전투 체계를 장착한 것인 데 비해, 알레이 버크급은 처음부터 이지스함으로 설계하였다. 일본의 '곤고'형 이지스함은 알레이 버크급을 토대로 설계했다.

외관의 특징은 함교 정면에서 볼 때에 4대의 레이더를 45도 기울여 배치함으로써 360도의 전체 하늘을 커버할 수 있다는 것이다. 헬리콥터를 운용할 수 없다는 점을 제외하면 타이콘데로가급 순양함의 시스템과 거의 동일하다. 알레이 버크급에는 원형과 발전형 외에 플라이트(flight)라는 유형이 있다. 플라이트 Ⅰ은 21척 건조하였고 그중 17번까지는 타이콘데로가급의 전자기기와 동일한 베이스라인 4다. 18번부터 21번까지는 베이스라인 5로 분류한다. 차이는 **ECM 장치**(electronic counter measures: 전자방해장치)의 개량 여부다.

일부 플라이트 Ⅰ형은 대포동 미사일과 같은 탄도 미사일을 요격하기 위해 장거리 감시 · 추적(long range surveillance & track, LRS&T) 능력이 있는 이지스 **BMD** 시스템을 장착했다. 이런 함정을 **MD**함이라고 부른다. 이지스 레이더를 BMD(ballistic missile defense) 모드로 구비하면 비행 중인 탄도 미사일을 추적하고, SM–3 미사일로 요격할 수 있다. 또한, 다른 MD함에 탄도 미사일 비행 데이터를 전송할 수도 있다.

타이콘데로가급과 달리, 처음부터 이지스 시스템 전용으로 디자인한 알레이 버크급 구축함. 사진은 1번함 '알레이 버크'다.
(사진 제공 : 미국 해군)

알레이 버크급을 후방에서 보면, 함교 뒷면에 있는 이지스 레이더에 영향을 주지 않도록 상부 구조물을 가늘게 설치하였음을 알 수 있다. 사진은 알레이 버크급의 3번함 '존 폴 존스(John Paul Jones)'다.
(사진 제공 : 미국 해군)

# 알레이 버크급 구축함 – 플라이트 II

알레이 버크급 구축함의 22~28번은 플라이트 Ⅱ로 분류된다. 플라이트 Ⅱ는 이전의 알레이 버크급의 문제점을 해소하기 위해 설계되었다. **TEDEL16**(전술 정보 데이터 링크 16)을 장착함으로써 항공기나 다른 함정과 정보를 교환할 때 기존의 음성 교신과 신호 교신뿐 아니라, 영상 정보도 송수신할 수 있다.

교전이 시작되면 함내의 지휘소인 전투정보센터가 매우 분주해진다. 대공, 대수상, 적 잠수함 정보 등 여러 가지 정보가 난무하게 된다. 그런 정보를 정리해서 함장에게 보고하고, 함장을 보좌하는 사람이 **전술지휘관**(tactical action officer, TAO)이다. 그리고 함장은 그런 정보를 판단하고 결단해서 전투를 수행한다.

플라이트 Ⅱ에서는 함장을 지원하는 전술지휘관의 부담을 줄이기 위한 **합동 전술 정보 시스템**(joint tactical information distribution system, JTIDS)과 **지휘 및 통제 프로세서**를 운용한다. 이것으로써 각 담당자가 전술지휘관에게 신속하게 정보를 전달할 수 있고, 전술지휘관은 함장에게 신속하고 정확하게 보고할 수 있다. 이지스 시스템 중에서 인적 요소가 가장 많이 필요한 부분을 개량함으로써 최종 판단을 확실하게 할 수 있게 되었다.

이러한 능력은 플라이트 ⅡA로 진화했다. ⅡA는 플라이트 Ⅰ·Ⅱ와 형태 및 능력이 다르기 때문에, 플라이트 Ⅱ까지를 알레이 버크급, ⅡA를 개량형 알레이 버크급이라고 부르기도 한다. 나중에 플라이트 Ⅰ형도 Ⅱ형에 준하는 장비를 장착했다.

플라이트 Ⅱ로 분류되는 알레이 버크급은 7척이다. 여기까지를 알레이 버크급의 전기 형태라고도 할 수 있다. 사진은 '도널드 쿡'이다. (사진 제공 : 미국 해군)

플라이트 Ⅰ '밀리우스'(사진 앞쪽)와 플라이트 Ⅱ '히긴스'(사진 뒤쪽). 이들은 정보처리 능력의 차이는 없으며, 마스트의 정점 부분만 다른 모양이다. (사진 제공 : 미국 해군)

# 알레이 버크급 구축함
## – 플라이트 IIA

플라이트 ⅡA는 알레이 버크급의 결점이었던 대잠수함 작전을 강화하기 위해 대잠 헬리콥터를 운용할 수 있도록 설계를 변경한 알레이 버크급의 최신 모델이다. 함미에는 헬리콥터 갑판과 격납고가 있고, 함내에는 헬리콥터 승무원 대기실, 항공기용 무기고, 항공기용 연료 저장고, 야간 항공기 발착함 지원 시스템, 착함 신호 장교(landing signal officer, LSO) 관제소, 항공기 관제실, 소화 장치, 비행갑판 요원 대기실, 장비 수납고 등 헬리콥터 운용을 위한 장비가 있다. 알레이 버크급은 적 잠수함의 위협에 취약했지만, 헬리콥터를 운용함으로써 형세를 역전시켰다.

대수상전에서도 능력이 높아졌다. 이전의 5인치 포 대신에 Mk45 5인치 포를 장착했다. 이 포는 GPS/INS의 유도에 의해 사거리 연장 유도포탄(extended range guided munition, ERGM)을 발사할 수 있다. ERGM은 대포로 쏠 수 있는 미사일이라고 할 수 있다. 특히 함포에 의한 정밀사격이 가능하기 때문에 해병대의 상륙 작전에 효과가 높다. 그 외에 근접 대공 무기 **CIWS 20mm 기관포**도 수상 표적에 대해 사격할 수 있다. 하지만 일부 플라이트 ⅡA형 함정은 CIWS를 운용하지 않는다. 일본 해상자위대의 '아타고'형 호위함과 한국 해군의 세종대왕급 구축함은 이 플라이트 ⅡA를 토대로 설계하였다.

플라이트 ⅡA도 생산 단계에서 시스템이 변경되어 최신 모델이 베이스라인 7로 분류된다. 그리고 새롭게 생산되는 플라이트 ⅡA는 민간에서 제작한 컴퓨터를 사용하는 'COTS' 방식을 채용해서 시스템을 유연하게 바꿀 수 있다.

플라이트 IIA는 전방에서 보면 다른 형태와 차이가 없지만, 후방의 네모난 부분에 헬리콥터 격납고가 있다. 사진은 '오스카 오스틴'이다. (사진 제공 : 미국 해군)

오스카 오스틴을 후방에서 본 모습. 헬리콥터 갑판의 전방에 격납고가 있고, 셔터가 2개 보인다. 그 사이에는 미사일 수직 발사 시스템이 있다. (사진 제공 : 미국 해군)

# 이지스함을 보유한 국가 : 일본 ①
## – '곤고'형 호위함

일본은 미국 바로 다음으로 이지스함을 도입했다. 일본은 해상항로를 방호하기 위해 이지스를 택했다. 4개의 호위대 군에 배치하기로 하고 4척의 '곤고'형을 건조했다.

미국의 알레이 버크급(이지스 전투 체계 베이스라인 4)을 토대로 설계했기 때문에 외관은 알레이 버크급과 크게 다르지 않다. 하지만 '곤고'형은 지휘소(사령부) 기능을 갖추기 위해 함교를 한 층 더 갖추었다. 그로 인해 함교가 더욱 커졌기 때문에 옆에서 보면 '곤고'형이 더욱 위압적이다. 토대가 된 알레이 버크(플라이트 I 형)와 비교하면 만재 배수량은 약 1,200톤 많은 9,500톤이다.

'곤고'형은 미국의 이지스함에 있는 순항 미사일을 운용하지는 않지만, 그 이외의 무기는 거의 동일한 역량을 지닌다. 이지스 레이더나 관련된 정보처리 장치 등은 미국제이지만, 그 외의 전자기기, 레이더, 소나 등은 일본제를 장착한다. 일본 해상자위대는 '곤고'형을 도입함으로써 호위대의 방공 능력을 부쩍 향상할 수 있었다.

또한, '곤고'형 4척은 2007년부터 일본 본토를 위협하는 탄도 미사일을 요격하는 탄도 미사일 방어(BMD) 능력을 2007년부터 순차적으로 장착하기 시작했고, Mk41에 요격 미사일 SM-3을 운용한다(72쪽 참조). 미국 외의 이지스함 가운데 탄도 미사일 방어(BMD) 능력이 있는 함정은 '곤고'형뿐이다.

'곤고'형 호위함은 알레이 버크급 구축함을 모델로 만들었다. 지휘소 기능을 갖추기 위해 함교를 한 층 높여 알레이 버크급보다 커졌다. 사진은 진주만의 '곤고'다. (사진 제공 : 미국 해군)

'곤고'형의 함미 디자인은 일본의 독자적인 형상이다. 사진은 미일 합동훈련 중인 '곤고'다.
(사진 제공 : 미국 해군)

# 이지스함을 보유한 국가 : 일본 ❷
## – '아타고'형 호위함

'아타고'는 '곤고'에 이어 도입한 일본의 두 번째 이지스함이다. 호위함으로는 처음으로 다면체로 형성되었다. 기존의 트러스형 마스트에서 스텔스형 마스트로 바뀌었다. 또한, 일본의 이지스함으로서는 처음으로 대잠초계 헬리콥터 1대를 운용할 수 있는 격납고를 설치했다. 이 때문에 함정의 길이는 '곤고'형보다 4m 긴 165m가 되었다. 기준 배수량은 '곤고'형이 7,250톤인 데 비해, '아타고'형은 7,700톤이다. 또한, 공표되지는 않았지만, 탄약이나 연료를 최대한 탑재한 만재 배수량은 10,000톤이 넘을 것으로 보인다.

'곤고'형이 알레이 버크급 구축함 플라이트 Ⅰ형을 토대로 디자인한 데 비해, '아타고'형은 알레이 버크급 플라이트 ⅡA형(이지스 전투 체계 베이스라인 7)을 토대로 만들었다. 플라이트 ⅡA처럼 대잠초계 헬리콥터를 운용함으로써 대잠전 능력을 향상했다. 다만, 현재로서는 '곤고'형과 달리 탄도 미사일 방어 능력은 없다.

'아타고'형은 2007년에 취역한 '아타고'와 2008년에 취역한 '아시가라' 2척뿐이다. 아직 세 번째 함을 도입할 예정은 없다.

알레이 버크급 구축함의 함명은 알레이 버크 제독의 이름에서 따왔다. 알레이 버크 해군 대장은 해군참모총장에 오른 인물이다. 제2차 세계대전 중에 일본과 싸웠지만, 전쟁이 끝난 후에는 일본 해상자위대의 창설에 힘을 쏟았다. 일본 정부로부터 훈일등욱일동화대수장(勳一等旭日桐花大綬章)이라는 훈장을 받았고, 사후에 그 훈장을 관에 넣었다고 한다.

'아타고'형 호위함은 '곤고'형 호위함에 이어 도입된 일본의 두 번째 이지스함이다. 마스트 형상과 127mm 포가 스텔스 형태로 되어 있다. (사진 : 가키타니 데쓰야)

'아타고'형의 후미에는 헬리콥터 격납고가 있다. 이 격납고가 이지스 레이더의 범위에 영향을 미치지 않도록 함교 뒷부분의 레이더 자체를 '곤고'형보다 높은 위치에 설치했다. (사진 : 가키타니 데쓰야)

The Strongest Shield

# 이지스함을 보유한 국가 : 스페인
## – 알바로 데 바산급 프리깃

스페인은 미국과 일본에 이어 세 번째로 이지스함을 채택했다. 스페인이 이지스함을 채택하기까지는 우여곡절이 있었다. 스페인은 네덜란드, 독일과 공동으로 개발하는 방공 시스템 **TFC 계획**(Trilateral Frigate Cooperation: 3개국 공동 프리깃 계획)에 참가했지만, 개발비 부담을 우려해서, 공동개발 계획에서 이탈하여 이지스 시스템을 채용하기로 결정했다. 그 배경에는 무기 산업체의 치열한 섭외가 있었던 것 같다.

스페인은 당시 '프린시페 데 아스투리아스'라는 항공모함을 보유하고 있었는데, 언제 나올지 모르는 TFC 계획의 성과를 기다리느니, 이미 완성된 이지스 시스템을 채용하는 편이 조금이라도 일찍 항공모함 함척을 보호할 수 있다고 판단한 것이다.

2002년 9월에 취역한 1번함 '알바로 데 바산(Alvaro de bazen)'은 일본이나 미국의 이지스함보다 선체가 작지만, **이지스 레이더는 일본이나 미국과 동일한 SPY-1D를 장착**했다. 또한 SM-2와 ESSM 등 두 종류의 대공 미사일을 장착했다는 특색도 갖추었다. 만재 배수량은 미국 이지스함의 절반 정도인 6,250톤으로 한정했기 때문에 건조 비용이 저렴했다. 선체는 작지만, 대공 미사일이나 SH-60B 대잠 헬리콥터 1대 등을 갖추는 등 이지스함으로서는 전혀 손색이 없다.

알바로 데 바산급은 스페인에서 가장 큰 수상 전투함이다. 세계적으로 그보다 작은 구축함도 있지만, 실제로는 프리깃으로 분류된다. 현재 알바로 데 바산급은 4번까지 취역했고, 앞으로 6번까지 운용할 계획이다.

미국이나 일본의 이지스함과 달리 SPY-1D 레이더를 항해함교보다 높게 설치했다. 사진은 알바로 데 바산급 2번함 '알미란테 돈 후안 데 보르본'이다. (사진 제공 : 미국 해군)

알바로 데 바산급의 뒷부분에는 헬리콥터 갑판과 격납고가 있다. 미국, 일본, 한국의 이지스함과 달리, 일반적인 수상 전투함처럼 간소한 디자인이다. (사진 제공 : 스페인 해군)

# 이지스함을 보유한 국가 : 노르웨이
## – 프리드쇼프 난센급 프리깃

노르웨이는 오랫동안 외국에서 구입한 중고 함정을 운용해왔는데, 대망의 방공함을 도입하면서 새로 건조하기로 결정했다. 노르웨이는 NATO 가맹국이지만 유럽 각국이 진행하는 호라이즌 계획이나 TFC 계획 등에 참가하지 않았다. 그리고 성능은 한정되지만 가격이 절반 정도인 이지스 IWS(integrated weapons system)를 채용했다. 미국이나 일본 이지스함의 약 절반 금액이다. 그 결과 '프리드쇼프 난센급'을 5척 건조할 수 있었다.

프리드쇼프 난센급은 만재 배수량 5,290톤의 세계에서 가장 작은 이지스함이다. 미국이나 일본의 이지스함과 마찬가지로 수직 발사 시스템 Mk41을 장비했지만, 8셀밖에 없다. 그러나 1셀에 1발밖에 들어가지 않는 SM-2 대공 미사일이 아니라, 4발 들어가는 ESSM 대공 미사일을 장착했기 때문에 최대 32발 운용할 수 있다. 그러므로 8셀로 충분하다고 판단했다. 함교 상부를 파고다(pagoda: 불탑)식 마스트로 만들고, 그곳에 SPY-1F 레이더를 배치하는 독특한 디자인이다.

노르웨이는 이지스함으로 보호해야 할 항공모함을 보유하지 않았지만, 지정학상 러시아가 대서양으로 나오기 위한 요충지에 있기 때문에 NATO 함대를 지키기 위해 고성능 방공함이 필요했다. 장착하는 SPY-1F 레이더는 미국이나 일본의 이지스가 채용한 SPY-1D에 비해 사이즈가 한층 작고 능력이 낮다. 하지만 기존의 방공함보다는 훨씬 성능이 높으므로 수량을 늘리면 역량을 보완할 수 있을 것이다.

스텔스 기술을 많이 채용한 프리드쇼프 난센급 프리깃. 사진은 미국과 합동훈련을 하는 2번 '로알 아문센(Roald Amundsen)'이다. (사진 제공 : 미국 해군)

노르웨이 해군의 프리드쇼프 난센급 프리깃 3번 '오토 스베르드루프(Otto Sverdrup)'. SPY-1F 레이더는 함교 위에 설치했다. (사진 제공 : Michael Nitz)

# 이지스함을 보유한 국가 : 한국
## – 세종대왕급 구축함

한국은 미국, 일본, 스페인, 노르웨이에 이어 다섯 번째로 이지스 클럽에 가입했다. 2008년 12월 22일에 대망의 구축함, '세종대왕'이 취역했다. 선체 구조는 알레이 버크급 플라이트 ⅡA(이지스 전투 체계 베이스라인 7.1)를 모델로 기준 배수량 7,600톤, 만재 배수량 10,000톤 이상으로 만들었다. 무장 배치 디자인은 알레이 버크급 플라이트 ⅡA나 '아타고'형과 동일하지만, 장착하는 무기의 대부분은 한국제나 유럽제를 선택했기 때문에 미국이나 일본의 이지스함과는 다르다.

대공 레이더는 직상 방향 및 수상 방향의 탐지 능력이 향상된 최신형 SPY-1D(V5)를 장착하고, 미국제 수직 발사 시스템인 Mk41을 80셀 장비했다. Mk41에서는 대공 미사일 SM-2 블록 ⅢB를 48발 운용할 수 있다. 계획 초기에는 북한의 탄도 미사일을 요격하기 위한 SM-2 블록 Ⅳ의 개량형을 운용할 예정이었지만, 정부의 대북한 정책이 변화하면서 계획이 중단되었다.

세종대왕함의 큰 특징은 Mk41과는 별도로 **한국산 수직 발사 시스템을 48셀**(발사구) **설치**했다는 것이다. 세종대왕함의 미사일 운용 수는 총 128셀로 세계에서 가장 많다. 미사일 수만 보면 세계 최강의 이지스함이라고 할 수 있다. 국산 수직 발사 시스템에는 국산 '청룡 순항 미사일(사정거리 500km 이상)'을 32발 운용한다.

한국의 이지스 구축함 세종대왕. 디자인은 미국이나 일본의 이지스함과 닮았지만, 장착한 무기는 한국산을 사용하는 등 독자적인 발상을 다수 채용했다. (사진 : 가키타니 데쓰야)

'세종대왕'의 함미 디자인은 헬리콥터 갑판과 격납고를 설치하는 등 알레이 버크급 플라이트 IIA와 매우 비슷하다. 사진은 정식으로 취역하기 전에 한국 해군 국제 관함식에서 처음으로 선보인 모습이다. (사진 : 가키타니 데쓰야)

The Strongest Shield

# 이지스함을 보유한 국가 : 호주
## – 호버트급 구축함

호주의 가상 적국은 인도네시아인데, 최근에는 양국 간의 교류가 증가해서 위협이 줄어들었다. 주변에 적성국이 적기 때문에 동남아시아, 태평양, 인도양 쪽의 안보에 관심을 쏟고 있다. 또한, 미군과의 공동작전과 국제 공헌의 일환으로 페르시아 만에 함정을 꾸준히 파견한다.

호주 해군은 주력이었던 퍼스급 구축함을 2001년까지 모두 퇴역시켰기 때문에, 그동안 구축함이 없었다. 해외로 파견하는 함정은 구축함보다 작은 앤잭급 프리깃과 구식 애들레이드급 프리깃이었다. 이 두 함은 방공 능력이 높지 않다.

그래서 미국 해군과 대등하게 작전을 펼치려면, 고성능 방공함이 필요했다. 그에 따라 이지스 시스템을 장착한 호버트급 구축함을 획득하기로 결정했다(SEA 4000 계획이라고 한다). 3척을 건조하기로 계획하고, 2013~2017년 사이에 3척을 운용할 예정이다. 비용을 줄이기 위해 스페인과 협력하여, 스페인의 이지스함 알바로 데 바산급을 토대로 하기로 하였다. 이지스 레이더는 SPY-1D(V)를 채용하고, 이지스 전투 체계는 베이스라인 7.1에 준한다. 또한, S-70B 대잠초계 헬리콥터(SH-60B와 거의 동일)를 1대 운용한다. 계획 초기에 호주는 스텔스 디자인의 독특한 구상을 발표했지만, 실제 디자인은 알바로 데 바산급과 매우 흡사하다.

일본 해상자위대와 호주 해군은 교류가 활발해서, 가까운 장래에 양국의 이지스함 합동훈련을 실시할 것으로 예상된다.

스페인의 알바로 데 바산과 비슷한 디자인으로 만들 호버트급 구축함의 상상도.

(그림 제공 : 호주 국방부)

옆에서 보면 굴뚝의 디자인이 알바로 데 바산급과 다르다. (그림 제공 : 호주 국방부)

# 환상의 이지스함
## – 원자력 이지스함의 가능성도 있었다

미국 해군은 1970년대부터 원자력 항공모함을 갖추기 시작했기 때문에 원자력 항공모함을 방호해줄 강력한 방공함도 필요했다. 당시는 이지스 시스템이 언제 완성될지, 비용이 얼마나 들지 불투명했다. 그럼에도 미군은 SM-2 대공 미사일, 토마호크 순항 미사일, 수직 이착륙할 수 있는 호위 항공기를 운용할 수 있는 강력한 공격력을 갖는 **타격순양함**을 계획했었다.

그러나 1975년에 항공모함 건조 계획을 우선해야 한다는 주장 때문에, 원자력 타격순양함을 채택하지 않기로 결정했다. 만일 원자력 타격순양함 계획이 채택되었다면 배수량 20,000톤에 달하는 대형 이지스함이 되었을지도 모른다.

그다음으로 등장한 것이 버지니아급 순양함을 토대로 이지스를 장착한, 기준 배수량 12,000톤의 **이지스 원자력 순양함**(CGN 42) 안이었다. 그러나 원자력 기관의 비용은 물론, 이지스 시스템의 개발비 부담이 늘어나, 이지스 원자력 순양함도 승인되지 않았다. 미국 해군은 비용이 많이 드는 원자력 기관을 포기하고, 기존의 구축함에 이지스를 장착할 계획을 입안했다.

그리고 당시 최신형이었던 스프루언스급 구축함의 선체에 이지스 전투 체계를 장착하고자 한 구상이 DDG 47안이다. 개발비를 스프루언스급의 약 1.5배인 약 100억 달러로 한정해서, 그때까지의 이지스함 계획들 가운데 가장 저렴하게 만들었다. 1978년에 DDG 47 구축함으로서 예산이 승인되었다. 훗날 그 명칭이 순양함으로 격상되어 CG 47 타이콘데로가급이 되었다.

이지스 원자력 순양함의 토대가 된 버지니아급 순양함.
(사진 제공 : 미국 해군)

버지니아급 순양함을 토대로 이지스를 장착한 이지스 원자력 순양함 CGN 42의 상상도. 미사일 발사기는 수직 발사형이 아니라 지향형이다. 이지스 레이더를 45도 기울여 설치하고자 했는데, 훗날의 알레이 버크급과 동일한 배치 형태가 당시부터 계획되었던 듯하다. 그러나 훗날의 타이콘데로가급이 스프루언스급의 디자인이므로, 어쩔 수 없이 이지스 레이더의 위치를 현 위치에 두었다고 추정할 수 있다. (사진 제공 : 미국 해군)

초대 타이콘데로가급에서 토대로 삼은 스프루언스급 구축함. (사진 제공 : 미국 해군)

COLUMN 01

# 신화에 나오는 인물이나 사물의 이름을 무기의 명칭에 많이 사용한다

'이지스(Aegis)'의 어원은 그리스신화에 등장하는 '아이기스'다. 아이기스는 최고의 신 제우스가 자신의 딸인 아테나에게 준 '방패'다. 아이기스는 무적의 방패라고 전해진다. 따라서 아이기스를 영어로 읽은 '이지스'는 함대 방공을 위한 방패가 되는 무기의 명칭으로 적합했을 것이다. 그래서 이지스 계획의 상징 마크도 방패 모양이다. 무기의 명칭은 그리스신화나 로마신화 등 신화에서 유래한 것이 많다. 항공기, 미사일, 기관포에 이르기까지 폭넓게 사용된다.

**신화에서 유래한 유명한 무기 명칭**

| 항공기 등의 명칭 | 명칭의 유래 | 스펠링 | 출처 |
|---|---|---|---|
| 페가수스급 미사일정<br>페가수스급 무인 공격기 | 날개 달린 말 페가수스 | Pegasus | 그리스신화 |
| 포세이돈 잠수함 발사형 탄도 미사일<br>포세이돈 초계기 | 바다의 신 포세이돈 | Poseidon | 그리스신화 |
| 오리온 초계기 | 포세이돈의 아들 오리온 | Orion | 그리스신화 |
| 트라이던트 잠수함 발사형 탄도 미사일 | 포세이돈의 무기 트리아이나 | Trident | 그리스신화 |
| 허큘리스 수송기<br>허큘리스 지대공 미사일 | 영웅 헤라클레스 | Hercules | 그리스신화 |
| 넵튠 초계기 | 바다의 신 넵투누스 | Neptune | 로마신화 |
| 벌컨 M61 개틀링 기관포 | 불의 신 불카누스 | Vulcan | 로마신화 |
| 타타르 함대공 미사일 | 원시의 신 타르타로스 | Tartaros | 그리스신화 |
| 탈로스 함대공 미사일 | 신이 만든 인형 탈로스 | Talos | 그리스신화 |
| 피닉스 공대공 미사일 | 불사조 피닉스 | Phoenix | 그리스신화 |

제 2 장

# 이지스함의 무장

이지스함에는 함대를 방호하기 위한 무기와, 자신을 지키기 위한 장비를 운용한다.
이 장에서는 이지스함에서 가장 핵심적인 SPY-1 레이더부터 소형 보트까지,
이지스함의 무장을 철저히 분석한다.

미국 해군의 이지스 순양함 '레이크 에리'가 미사일 수직 발사 시스템(VLS)
으로 스탠더드 미사일-2(SM-2)를 발사하는 순간. (사진 제공 : 미국 해군)

# SPY-1 레이더 ①
## – 사각 없이 항상 360도 감시할 수 있다

**SPY-1 레이더**는 이지스의 핵심이라고 할 수 있다. 일반적인 수상 전투함의 대공 레이더는 높은 마스트에서 빙글빙글 회전하며 신호를 발신하는 형태이다. 그러나 이런 형태의 레이더는 안테나가 한 바퀴 회전하는 동안, 안테나가 향하는 방향 이외의 구역은 사각이 된다. 당연히 이 사각 범위에서 적기나 적 미사일의 움직임을 확인할 수 없다.

반면 이지스함이 채택한 SPY-1 레이더는 함교 주변의 네 군데에 팔각형의 **위상 배열**(phased array) 안테나를 설치한다. 고정식 평판형 안테나로 360도를 포괄하며 적 비행기나 적 미사일을 끊임없이 추적할 수 있다. 레이더 화면상에서는 적을 가리키는 빛(blip)이 끊임없이 이동하므로 적이 회피 행동을 취하기 시작했는지, 공격 행동으로 바꾸었는지 등 상세한 움직임을 지속적으로 확인할 수 있다.

위상 배열 형태의 안테나 내부는 안테나 소자(위상 변환 소자)라고 부르는 전파 발진 장치가 4,350개나 종횡으로 늘어서 있다. 이 안테나 소자가 전파를 발진하는 장치이므로, 위상(phase)을 배열하는(array) 레이더(radar), 즉 위상 배열 레이더라고 부른다.

각 안테나 소자는 전파를 쏘는 방향이나 강도를 독립적으로 조정할 수 있기 때문에, 일부 안테나 소자에서 발진한 전파를 모아 일정한 방향으로 집중할 수도 있다.

호위함 '곤고'의 SPY-1D. 한 변은 3.66m이고, 그 안에 4,350개의 소자가 배열되어 있다. 미국, 일본, 한국, 스페인의 이지스함은 SPY-1D를 채택한다. 노르웨이의 이지스함은 SPY-1D보다 작고, 안테나 소자가 1,856개인 SPY-1F를 설치한다. (사진 제공 : 미국 해군)

# SPY-1 레이더 ②
## - 수동과 능동의 차이

SPY-1 레이더에는 전파 송수신 장치가 1개 있다. 여기에서 전파를 발진하고 도파관을 통해 4,350개의 위상 변환기(phase shifter)에 전파를 보낸다. 이 위상 변환기로 전파의 송수신 방향을 변환하고, 안테나 소자에서 전파를 방출한다. 이런 방식을 수동 위상 배열(passive phased array)이라고 한다. 다만, 위상 배열 형태의 안테나를 채용한 함정 가운데 일본의 '휴가'형 호위함이 채용한 것은 각각의 위상 변환기마다 전파 송수신 장치가 달린 방식인데, 이를 능동 위상 배열(active phased array)이라고 한다. 유럽에서 운용하는 능동 위상 배열 레이더(active phased array radar, APAR)도 이와 같다. 수동과 능동의 차이는 위상 변환기 자체가 전파 송수신기로부터 전파를 받느냐(수동적으로), 전파를 스스로 송신하느냐(능동적으로)의 차이다. 따라서 '수동적'이라는 말은 레이더 자체가 적의 전파를 가만히 기다린다는 의미가 아니다.

안테나 소자는 S밴드 주파수대의 전파(빔)를 최대 4MW로 발사한다. 비행 중인 모든 물체에 전파가 닿아 반사되어 SPY-1 레이더로 돌아오면, 비행 중인 물체의 유무를 알 수 있다. 비행 물체를 탐지하면 빔은 포착한 비행 물체를 꾸준히 추적한다. 동시에 추적할 수 있는 물체의 수는 200개에 달한다. 추적 중인 비행 물체가 공격해오면 이지스함은 대공 미사일을 발사할 수 있다. 이때 SPY-1 레이더는 다른 주파수대의 전파를 발사해서 대공 미사일을 중간 유도할 뿐 아니라, 미사일과 이지스함 사이에 데이터를 교환할 수도 있다. 이것도 일반적인 대공 레이더로는 불가능한 일이다.

## 수동 위상 배열과 능동 위상 배열의 차이

수동 위상 배열

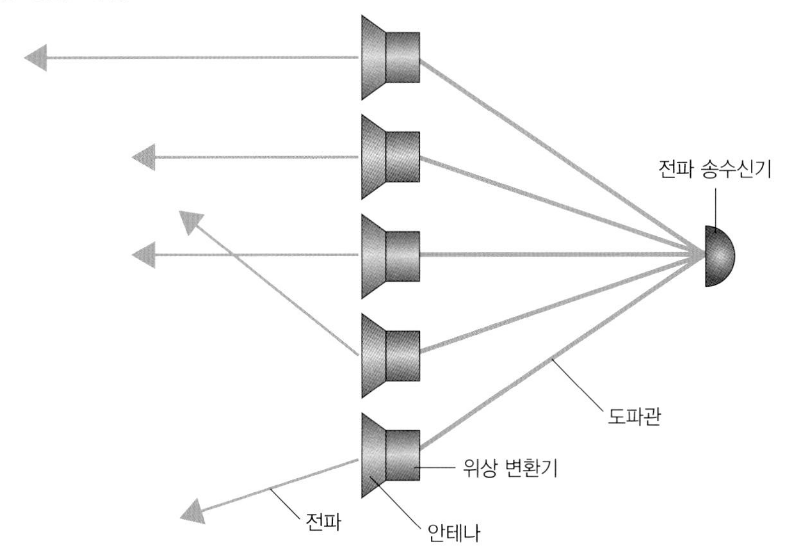


능동 위상 배열

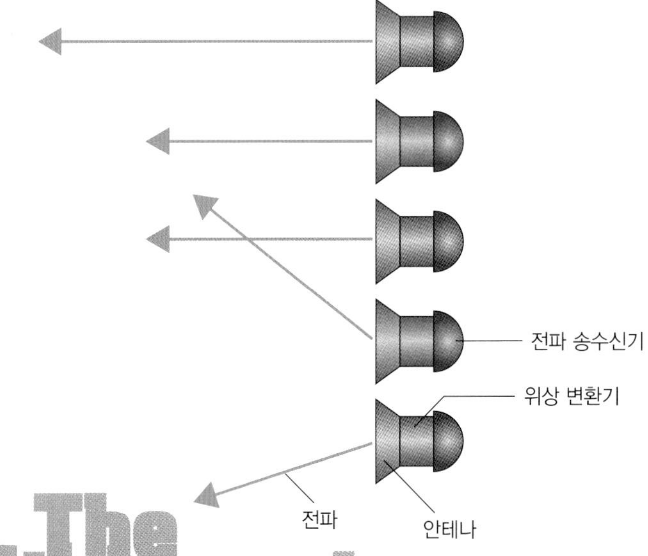

# Mk41 VLS
## – 수직 발사 시스템

수직 발사 시스템 **Mk41 VLS**(vertical launching system)는 이지스 무기 체계의 하나로, 미사일이나 대잠 로켓, 대리 공격용 순항 무기 등을 발사하기 위한 발사기다. 통상적인 미사일 발사기는 미사일을 장전한 발사기를 표적 쪽으로 회전시켜 상방으로 각도를 틀고 발사한다. 미사일이 발사되면 발사기는 미사일을 재장전하기 위해 또 회전한다.

그러나 이런 동작으로는 끊임없이 몰려드는 적 미사일과 전투기에는 대응할 수 없다. 이런 **대응 시간**(reaction time)을 단축하기 위해 타이콘데로가급 순양함의 후기형부터 발사기를 수직으로 세운 Mk41 VLS를 채택했다. 이는 미국 해군보다 앞서 러시아 해군이 채택한 기술이다. 미국 해군은 이지스 무기 체계에 필수적이라는 판단으로 수직 발사 시스템을 채택한 것이다.

미사일을 **캐니스터**(canister: 용기)에 넣고, 각 캐니스터를 Mk41 VLS의 **셀**(cell)에 장전한다. 캐니스터는 발사기의 한 부품으로, Mk41 VLS는 발사기와 탄약고를 겸한다. 대공 미사일을 발사할 때는 미사일이 탄약고에서 차례대로 수직 발사된다. 발사기에 미사일을 재장전하거나 표적 방향으로 발사기를 돌릴 필요가 없으므로, Mk26보다 반응 시간이 짧다. 이지스함의 Mk41 VLS는 대공 미사일 외에 대잠 로켓을 운용하며, 지상을 공격하는 순항 미사일도 운용할 수 있다. Mk41 VLS는 이지스함 외의 프리깃에서 운용하기도 한다.

호위함 '곤고'의 전갑판에 설치된 Mk41 VLS. 세계 최초의 이지스함 타이콘데로가는 1~5번까지 VLS가 아니라 Mk26 발사기를 운용했다. 하지만 6번 이후부터는 Mk41 VLS를 설치했다. 처음의 5척은 이미 퇴역했다.
(사진 : 가키타니 데쓰야)

구축함 '래슨'에 토마호크 순항 미사일을 탑재하는 장면. 크레인에 캐니스터를 매단다.
(사진 제공 : 미국 해군)

Mk41 VLS의 내부. 사진 안쪽에 캐니스터가 보인다. 캐니스터의 내부에는 SM-2MR 대공 미사일이 들어 있다.
(사진 : 가키타니 데쓰야)

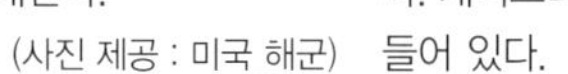

# SM-2(standard missile-2) - 대공 미사일

이지스함의 가장 중요한 임무인 방공을 위한 주 무기가 **스탠더드 미사일 2** 대공 미사일(SM-2)이다. SM-2는 제작사의 명칭일 뿐, 미군의 명칭은 RIM-66(중거리형), RIM-67(중장거리), RIM-156(장거리형)이다. 동력은 고체 연료 로켓이며, 4.41m의 전체 길이 가운데 대부분이 로켓이다. 지름은 343mm이고, 수직 발사 시스템의 1셀에 캐니스터당 1발의 SM-2를 장전할 수 있다.

SM-2는 그 이전의 SM-1 대공 미사일을 개량한 것이다. SM-1은 발사 후 **일루미네이터**(illuminator)라는 사격 지휘 장치(조사기)로 표적에 명중할 때까지 유도해야 하며, 사실상 함정에 설치된 일루미네이터의 수가 요격할 수 있는 표적의 수와 동일하다. 이 경우 보통은 3개의 표적이 한계였다. 이런 유도 방식을 **반능동 레이더 추적**(semiactive radar homing)이라고 한다.

SM-2는 이를 개량해서 발사 후에 미사일 내의 관성항법장치로 비행 코스를 결정한다. 다만, 이런 방법으로는 적이 비행 방향을 변경하면 명중시킬 수 없으므로, 비행 중인 SM-2는 SPY-1D 레이더로부터 새로운 정보를 수신한다. 그리고 표적 바로 앞에서 이지스함의 일루미네이터가 최종 유도 신호를 조사하면 SM-2는 표적에 명중한다. 이렇게 해서 3대의 일루미네이터가 시간 간격을 두고 최종 유도함으로써 약 15~18개의 목표를 동시에 처리할 수 있다. 표준적인 SM-2인 **SM-2MR**은 최대 사정거리가 약 74km다. 그 외에 탄도 미사일 방어를 위해 개조된 일부 미국 해군의 이지스함은 종말 단계의 탄도 미사일을 요격하는 특별한 **SM-2 블록 Ⅳ**를 운용한다.

미국 해군의 구축함 '오케인'의 후방 VLS에서 발사되는 SM-2MR. 최대 사정거리는 약 74km다. 미국의 이지스함에서 운용하는 장사정 SM-2ER은 부스터 로켓을 이용하여 약 160km까지 날아간다.
(사진 제공 : 미국 해군)

# SM-3(standard missile-3)
## - 탄도 미사일 요격 미사일

스탠더드 미사일 3(SM-3)은 이지스함에서 발사하는 대공 미사일이며, 노동 미사일과 대포동 미사일 같은 탄도 미사일을 격추할 수 있다. **탄도 미사일 방어**(ballistic missile defense, BMD) 계획의 일환으로 개발되었다. 정식 명칭은 RIM-161이지만, 미국 해군 내에서도 SM-3이라는 별칭이 흔히 사용된다. SM-3은 SM-2의 발전형이지만 실제로는 전혀 다른 미사일이다.

SM-3은 3단 분리식이며, 발사 후 우주 공간에 도착할 때까지 순서대로 로켓엔진을 점화한다. 최종적으로 노즈콘(nose cone)이 3단째에 분리되어 2개로 나뉜 후, 그 안에서 충돌을 위한 **운동에너지 탄두**(kinetic warhead, KW)가 분리된다. KW는 이 시점에서 더 이상 미사일의 모습을 띠지 않는다. KW는 표적을 스스로 탐지하면서 위치를 수정하고 표적에 충돌한다. SM-3은 항상 업그레이드 계획이 진행 중이며, 차기 모델인 **SM-3 블록 ⅡA**에서는 KW의 방출에 중요한 역할을 하는 노즈콘을 일본이 개발한다. 이 노즈콘은 클램셸(clamshell)형이라고 하며, 2분할 방식을 채용한다. 노즈콘 내에 들어 있는 KW가 지체 없이 분리될 수 있다. 그 외에 3단째 로켓과 2단째 자세제어 시스템도 일본에서 개발한다. 2015년까지 실용화될 예정이다.

SM-3 블록 ⅠB는 이지스함의 반경 500km, 최대 고도 약 250km를 방어할 수 있다. SM-3 블록 ⅡA는 본체의 직경이 13.5인치에서 21인치로 커졌다. 따라서 사정거리가 길어질 것으로 보인다.

미국 해군의 순양함 '레이크 에리'의 VLS 발사되는 SM-3. (사진 제공 : 미국 해군)

# 발전형 시 스패로 미사일(ESSM)
## – 대공 미사일

중장거리의 위협을 SM-2로 대응한다면, 근거리의 위협은 시 스패로(sea sparrow)로 대응한다. 정식 명칭은 RIM-7이다. 시 스패로는 이지스함 외의 함정에서도 운용하곤 하는데, 그 개량형이 발전형 시 스패로 미사일(evolved sea sparrow missile, ESSM)이다. 유인 제어 일루미네이터를 사용하던 RIM-7과 달리, ESSM은 SPY-1D 레이더와 일루미네이터로 유도한다. 발사된 ESSM은 본체의 관성항법장치로 표적 방향을 향하고, 비행 코스는 SPY-1 레이더에서 수신하는 신호로 수정한다. 그리고 표적 바로 앞에서 일루미네이터로부터 수신하는 신호로 유도되어 명중한다. 최대 사정거리는 약 50km다.

RIM-7은 접이식의 작은 날개가 달려 있는데, 이 날개로 비행 방향을 제어했다. 그런데 ESSM은 SM-2와 같은 고정식의 작은 핀이 달려 있어서 추진로켓의 편향 노즐로 비행 방향을 제어한다. 그래서 급격한 기동이 가능해졌고, 때문에 명중률도 높아졌다. ESSM은 Mk41 VLS에서 운용할 수 있도록 설계되었다. 따라서 수직 발사 시스템에 장전하는 캐니스터에 4발의 ESSM을 격납한다(4개의 팩을 의미하는 '쿼드 팩'이라고 부른다).

ESSM은 미국 해군 알레이 버크급 구축함 플라이트 ⅡA인 DDG 85 이후의 함정에서 운용하는 외에, 스페인과 노르웨이의 이지스함에도 운용하게 된다. 일본의 이지스함에는 없었지만, 2009년에 취역한 '휴가'형 호위함부터 장착하기 시작했다.

ESSM은 이지스함 외의 함정도 운용한다. 사진은 항공모함 '존 C. 스테니스'에서 ESSM을 발사하는 광경이다.
(사진 제공 : 미국 해군)

# 하푼(RGM-84)
## - 대함 미사일

제2차 세계대전 후, 대수상전의 주 무기는 포가 아니라 미사일이 되었다. 이지스함에서 운용하는 **하푼**(Harpoon)은 정식 명칭이 RGM-84이고, 1977년에 미국 해군에 배비된 이래 일본 해상자위대와 서방 각국 해군에서 운용하고 있다.

하푼은 미국, 스페인, 노르웨이의 이지스함과 '곤고'형 호위함이 각 8발씩 운용하고 있다. 발사 직전에 표적의 거리 · 방향 · 각도 등의 정보를 입력하고 발사하면 스스로 표적 쪽으로 날아간다. 표적에 근접하면 레이더로 표적을 탐지해서 추적한다. 공격 패턴은 해면 가까이로 비행하다가 적 함정 바로 앞에서 고도를 급히 높인 다음 급강하해서 돌입하는 **팝업**(pop-up) 방식과, 해면 가까이로 비행하다가 그대로 돌입하는 **시스키밍**(sea-skimming) 방식이 있다. 사정거리는 약 150km다.

'아타고'형 호위함은 일본산 **90식 함대함 유도탄**(SSM-1B)을 8발 운용한다. 90식 함대함 유도탄은 사정거리 150~200km, 탄두 중량 260km이며, 사정거리와 파괴력은 하푼을 능가한다. 최종 유도는 레이더로 추적하는 **능동 레이더 추적**(active radar homing)이다.

한국 해군의 '세종대왕'은 한국산 SSM-700K를 16발 장비한다. 유도는 GPS로 자체항법장치를 보조하고, 최종 유도는 능동 레이더 추적이다. 사정거리와 탄두의 크기는 SSM-1B와 동일하지만, 제트 엔진이 크고 탑재 연료가 많아 길이는 SSM-1B보다 1m 길고, 하푼에 비하면 2m나 큰 미사일이다.

구축함 '피츠제럴드'에서 하푼 미사일을 발사하고 있다. (사진 제공 : 미국 해군)

하푼은 원통형 캐니스터 장착 방식이다. 사진은 구축함 '피츠제럴드'에 장착하는 장면이다. 모든 대함 미사일은 미사일 본체를 캐니스터에 넣고, 데이터를 연결하기 위한 릴레이 어셈블리(미군 형식은 SWG-1(V))를 겸하는 받침대에 싣는다. (사진 제공 : 미국 해군)

# 토마호크(BGM-109)
## - 순항 미사일

토마호크(Tomahawk)는 장거리 대지 · 대함 공격용 순항 미사일이며, 정식 명칭은 BGM-109다. 이지스함은 토마호크를 운용함으로써 연안에서 1,000km 이상이나 떨어진 내륙지를 공격할 수 있다. 토마호크는 Mk41 VLS에서 부스터(Booster) 발사하여 일정 고도까지 상승한 후 날개를 펼쳐, 터보팬 엔진의 동력으로 순항비행 상태에 들어간다. 이른바 무인 제트기다. 속도는 시속 880km로 여객기와 비슷하다.

미리 프로그램된 지도와 실제 지표면을 대조하는 방법으로 장애물을 피하며 날아간다. 또한, 이지스함에서 위성 데이터 링크로 방향을 지시하거나 GPS의 위치 정보를 이용하여 비행한다.

표적 바로 앞에서는 **디지털 영상 대조 항법**(digital scene-mapping area correlator, DSMAC) 기능이 작동해서 표적의 형태와 미리 입력해둔 데이터를 비교 · 판단해서 오차 10m의 범위로 적중시킨다. 현재 사용되는 토마호크는 최대 사정거리가 2,500km다. 또한, 대함 공격에 사용하는 토마호크는 스스로 전파를 발사하거나, 표적이 되는 함정에서 방출되는 전파를 포착해서 위치를 특정하고 표적으로 돌입한다.

초기의 타이콘데로가급 순양함은 토마호크를 운용할 수 없었다. 앞서 설명했듯이 이들 함정은 이미 퇴역했다. 현용 미국 해군의 이지스함은 모두 토마호크를 운용하며, 이지스함 외에도 로스앤젤레스급 잠수함, 개량형 오하이오급 잠수함도 토마호크를 운용한다.

미국 해군의 알레이 버크급 미사일 구축함 '스테뎀'에서 순항 미사일 토마호크를 발사하고 있다.
(사진 제공 : 미국 해군)

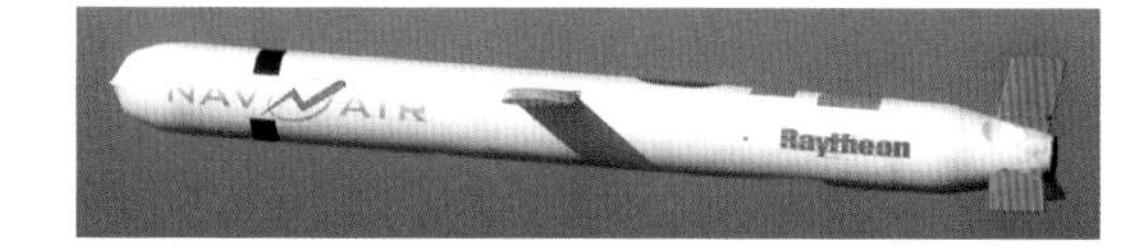


위성 데이터 링크 기능을 갖춘 토마호크 '블록 Ⅳ'.
(사진 제공 : 미국 해군)

## 토마호크의 탄두 종류

| 형식 | 탄두 | 설명 |
|---|---|---|
| BGM-109B | 454kg 통상탄두 | 대함형 TASM(Tomahawk anti ship missile) |
| BGM-109C | 454kg 통상탄두 | 대지형 TLAM(Tomahawk land attack missile) |
| BGM-109D | 166개의 자폭탄 | 대지형 TLAM |
| BGM-109E | 통상탄두 | 대함 · 대지 양용 |
| BGM-109A※ | 핵탄두 | 대지형 TLAM |

※ 통상, 이지스함에는 탑재되지 않는다.

# ASROC
## – 대잠 로켓

ASROC(anti submarine rocket)은 적 잠수함을 공격하는 로켓이다. 정식 명칭은 RUM−139 VLA다. 수직 발사 시스템으로 작동하기 때문에 **VLA ASROC**(vertical launching ASROC)이라고 한다. 어뢰와 로켓이 조합되어 있는데, 어뢰 부분은 미국 해군 표준의 **Mk46**이다. 뒷부분의 고체연료 로켓엔진을 사용해서 발사한다. 추력 벡터 제어 장치로 미리 프로그램된 방향과 거리로 날아간다. 비행 중 최고 속도는 마하 1이나 된다.

목표 해역의 상공에 도달하면 로켓은 분리되고, 어뢰가 낙하산에 매달려 떨어진다. 낙하산은 해면에 닿는 순간 충격으로 탈락된다. 어뢰가 일정 깊이까지 잠기면, 어뢰의 스크루로 추진하기 시작해서 표적 잠수함으로 돌입한다.

ASROC은 VLS 1셀에, 캐니스터에 든 1발을 장착한다. 미국의 이지스함은 VLS 안에 SM−2와 토마호크 등 다양한 종류의 미사일을 장전한다. 일본의 이지스함은 SM−2, SM−3, ASROC 등 3종류밖에 없으며, 각각 여러 발을 장착할 수 있다. 또한, 일본의 VL ASROC은 탄두에 Mk46 어뢰 외에, 73식 어뢰도 장착한다. 최근에는 07식 VL ASROC을 배비하기 시작했다.

한국의 이지스함은 한국에서 개발한 '홍상어'라는 VL ASROC을 한국제 VLS에 장전한다.

수직 발사 시스템에서 발사되는 VL ASROC. 주황색과 금색 부분이 어뢰이고, 회색으로 보이는 부분이 로켓이다. 가장 끝의 검은색 캡은 해면에서 분리된다. (사진 제공 : 미국 해군)

ASROC의 공격 방법

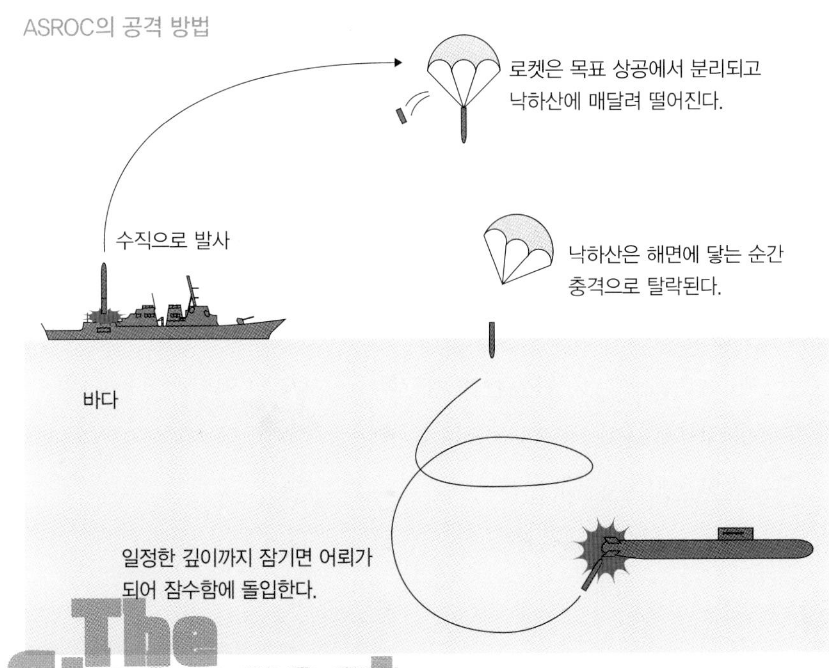


The Strongest Shield

# 근접방어무기체계(CIWS)
## – 팰랭크스

근접방어무기체계는 적의 대함 미사일이나 전투기가 SM-2 등의 방어망을 피하고 이지스함 가까이까지 도달했을 때 사용하는 최종 방어 무기다. **CIWS**(close in weapon system) **팰랭크스**(Phalanx)는 미국 레이시언사의 상품명이며, 통상적으로 CIWS라고 한다.

팰랭크스는 6포신 회전 20mm **M61** 개틀링 기관포, 수색 · 추적 레이더, 화기 관제 시스템으로 구성된다. 기관포 윗부분의 하얀색 돔 내에 있는 레이더로 표적을 포착하고, 화기 관제 장치로 사격을 통제하면서 1초에 75발의 20mm 탄을 사격한다. 사격은 레이더에서 표적 형체가 없어질 때까지(즉, 격추될 때까지) 계속되며, 레이더는 이후에 다음 표적을 탐지하기 시작한다.

신형 팰랭크스 블록 1B는 적외선 카메라를 사용해서 광학적으로 조준할 수도 있다. 이 방법은 전투기와 미사일 같은 고속 표적이 아닌 헬리콥터나 소형기 같은 저속 비행체, 또는 수상 보트 등을 조준할 수 있다. 블록 1A를 블록 1B로 대체하기 시작했으며, 일본 해상자위대도 순차적으로 블록 1B로 바꾸는 중이다. 팰랭크스는 미국 해군과 일본 해상자위대만 운용하고 있으며, 한국의 이지스함은 30mm 포를 사용하는 **골키퍼**(Goalkeeper)를 운용한다. 스페인과 노르웨이의 이지스함은 CIWS를 운용하지 않는다.

미국 해군의 구축함 '벤폴드'의 팰랭크스 블록 1A 사격 장면.
(사진 제공 : 미국 해군)

일본 해상자위대 '아타고'의 팰랭크스 블록 1B. (사진 : 가키타니 데쓰야)

# 5인치 포
## – 대지 공격, 대수상 공격

유나이티드 디펜스(United Defense, 현 BAE사)의 **Mk45 5인치 포**는 미국, 스페인, 한국 및 일본 해상자위대 등에서 운용하고 있다. 그 외에도 여러 나라들이 이지스함 외의 함정에서도 운용하고 있다. 구경은 5인치(127mm)다. Mk45는 Mk34, Mk86 또는 Mk160 사격 관제 시스템을 통하여 동시에 두 표적에 1분에 20발 정도(20 RDM)의 속도로 사격할 수 있다. 대지 공격, 대수상 공격에 사용하며, 유효 최대 사정거리는 약 24km다. 대공 사격도 가능하지만 발사 속도가 느리기 때문에 대공 사격은 '사격이 가능한 정도'에 그친다.

알레이 버크급 31번함 이후와 '아타고'는 **Mk45 Mod4**를 운용한다. Mk45 Mod4는 이전의 54구경보다 큰 62구경이며, 스텔스성을 높인 외관(스텔스 실드)이다.

한국의 이지스함은 Mk45 Mod4를 국내 라이선스 제작한 KMk45 Mod4를 운용한다.

Mk45는 GPS로 유도할 수 있는 **유도포탄**(ERGM)을 쏠 수 있다. 개발 중이지만 예산상의 문제로 배비 계획은 미정이다. 완성된다면 최대 사정거리는 110km에 달하게 된다.

'곤고'는 이지스함 가운데 유일하게 **오토 멜라라의 5인치 포**를 설치했다. 발사 속도가 45RDM으로 빠르고 지속사격이 가능하기 때문에, 대공 표적에도 효과적이다. 최대 사정거리는 약 23km이고, Mk45와 동일한 탄환을 사용할 수 있다. 노르웨이의 이지스함은 5인치가 아니라, 그보다 작은 3인치 76mm 포를 운용한다.

일본 해상자위대 '아타고'의 5인치 Mk45 Mod4. (사진 : 가키타니 데쓰야)

일본 해상자위대 '곤고'의 오토 멜라라 5인치 포. 발사 속도가 유나이티드 디펜스의 5인치 포보다 약 2배 빠르다. (사진 : 가키타니 데쓰야)

# 기관총 · 기관포
## – 방호용 무장

이지스함은 항구에 정박 중이거나 좁은 해협을 통과할 때 자폭 테러에 대비하기 위해 기관총과 기관포를 운용한다. 미국 해군 일부는 Mk38 부시매스터(Bushmaster) 25mm 기관포를 갖추고 있다. 타이콘데로가급의 함미 두 군데에 설치한 Mk38 Mod2는 무인 사격을 할 수 있도록 레이저 거리 측정기와 전자광학 조준기(electric optical system, EOS)를 갖추어, 함내에서 모니터를 보면서 원격 조종으로 사격할 수 있다. 수상 표적뿐 아니라, 저속 비행 표적도 추적 · 사격할 수 있다. 일부 알레이 버크급은 승조원이 육안으로 사격하는 Mk38 Mod1 기관포를 갖췄다. Mk38은 25mm 구경 탄을 1분간 약 200발 사격할 수 있다. 유효 사정거리는 약 3km다.

Mk38 부시매스터를 갖추지 않은 함은 M2 기관총(12.7mm 또는 캘리버 50이라고 부른다)을 갖춘다. M2 기관총은 12.7mm 구경 탄을 1분간 최대 600발 쏠 수 있다. 유효 사정거리는 약 1km다. M2를 옆으로 나란히 놓은 트윈 50 캘리버를 갖춘 함정도 있다. 그리고 M2 기관총을 보완하기 위해 미니미(MINIMI) 기관총도 사용한다. 미니미는 5.56mm 탄을 사용하는 경기관총으로, 분당 700발 이상을 쏠 수 있다. 한국의 이지스함은 12.7mm K6과 5.56mm K3을 운용한다. 기관총은 현측에서 받침대에 올려놓고 사용하는데, 외양 항해를 할 때나 항구에 정박 중일 때는 분리해두는 경우가 많다. 기관포와 기관총을 분별하는 기준은 ① 구경 기준 20mm 이상은 포, 미만은 총이라 하고 ② 탄의 폭발하는 구조는 포, 그렇지 않으면 총이라고 부른다.

순양함 '레이크 섐플레인'의 25mm Mk38 부시매스터 기관포. (사진 제공 : 미국 해군)

순양함 '빅스버그'의 함수 두 군데에 설치된 12.7mm M2 기관총. (사진 제공 : 미국 해군)

순양함 '벨라 걸프'에 장착된 5.56mm MINIMI 기관총. (사진 제공 : 미국 해군)

# 대잠 전투 시스템
## – 이지스함의 천적을 쓰러뜨리는 장비

미국 해군의 수상 전투함은 **대잠 전투 시스템**(anti submarine warfare combat system, ASWCS)을 운용한다. 이를 구성하는 주요 무기는 잠수함을 탐지하는 함수의 바우소나, 대잠 헬리콥터의 소나, 어뢰, 관제 장치 등이다. 미국의 이지스함과 일본 해상자위대의 '아타고'형 호위함은 SQQ-89 대잠 전투 시스템이 소나의 정보를 통제한다.

대잠전에서는 우선 적 잠수함의 소리를 함수 수면 아래에 있는 SQS-53 소나와, 함미에서 예항(曳航)하는 SQR-19 소나로 탐지한다. 또한, 대잠 헬리콥터에서 수중에 투입하는 SQQ-28 소나로도 탐지할 수 있다. 소나에서 수신하는 정보는 전투정보센터의 SQQ-89 대잠 전투 시스템에 전송되고, 이곳에서 정리된 정보를 이지스 무기 체계의 지휘 · 결정 시스템으로 보낸다. 함장의 명령은 SQQ-89 대잠 전투 시스템을 거쳐 Mk116 대잠 화기 관제 시스템으로 보내, 어뢰를 발사한다. 대잠 전투 시스템은 이지스 시스템과 상관없어 보이지만, 모든 정보를 판단하기 위해 일단 지휘 · 결정 시스템에 연결되므로 SQQ-89, 각종 소나, 어뢰, 대잠 화기 관제 시스템 등도 이지스 전투 체계의 일부라고 할 수 있다.

그 외의 함정들은 별도의 대잠 전투 시스템을 갖춘다. '곤고'형 호위함은 미국의 SQQ-89에 상당하는 OYQ-102 대잠 정보처리 장치와, Mk116 대잠 화기 관제 시스템에 상당하는 OQA-102 대잠 공격 지휘 장치가 있다. 한국과 노르웨이의 이지스함은 노르웨이의 콩스베르그사에서 개발한 MSI-2005F를 토대로 대잠 전투 시스템을 만들었다.

구축함 '키드'의 전투정보센터에 위치한 SQQ-89 대잠 전투 시스템의 조작대. (사진 제공 : 미국 해군)

순양함 '카우펜스(Cowpens)'의 함수 아래에 있는 SQS-53 소나.
(사진 제공 : 미국 해군)

Strongest Shield

# 어뢰(torpedo)
## – 어뢰 바깥으로 기포가 발생하지 않는 Mk50

미국은 Mk46과 Mk50 어뢰를 이지스함에서 운용한다. Mk46은 미국과 동맹국들이 사용하는 대표적인 어뢰다. 수중에서는 잠수함 소리를 포착해서 발신원을 향하는 **수동 탐지**와, 스스로 음파를 발사한 후 표적에서 반사되는 음파를 분석하여 추적하는 **능동 탐지** 가운데 하나를 선택한다. 속도는 약 45노트(83km/h)이며, 유효 사정거리는 7km다. 탄두는 고성능 폭약 약 45kg이며, 적을 직격하지 못하더라도 근접 거리에서 폭발하여 표적에 균열을 일으킬 수 있다.

Mk50은 Mk46의 개량형이다. Mk46보다 더 깊이 잠항할 수 있고, 속력은 50노트(93km/h) 이상이며, 유효 사정거리도 약 20km나 된다. 또한, 어뢰 바깥으로 기포가 발생하지 않는 **보관 화학에너지 추진 시스템**(stored chemical energy propulsion system, SCEPS)을 사용한다. 스크루는 원통형 안정장치(shroud ring; 슈라우드 링) 안에 있고, 높은 기동성을 지닌다. 탄두는 성형작약탄(high explosive anti-tank, HEAT)이다. Mk46이 잠수함에 접근해서 폭발하는 데 비해, Mk50은 잠수함에 직격해서 폭발한다. 이는 Mk50이 Mk46보다 탐지 능력이나 기동 성능이 높기 때문에 가능하다. 일본 해상자위대의 이지스함은 Mk46 외에 Mk46을 국산화한 73식 어뢰, Mk50과 동등한 성능을 지닌 97식 어뢰를 운용한다.

미국의 이지스함에는 이들 어뢰를 발사하기 위해 Mk32 3연장 어뢰 발사관이 좌우 양쪽 현에 1대씩 배치된다. 일본은 이지스함에 Mk32를 국산화한 3연장 발사관(수상 발사관 HOS-302)을 양쪽 현에 설치했다.

구축함 '머스틴'에서 Mk46 어뢰를 발사하고 있다. (사진 제공 : 미국 해군)

'휴가'의 97식 어뢰의 훈련형. 추진부가 슈라우드 링으로 되어 있다. (사진 : 가키타니 데쓰야)

The Strongest Shield

# ESM과 ECM (전자지원장치와 전자방해장치)
## – 자신의 '눈'을 지키고, '적'의 눈을 멀게 한다

전자전 장치는 수상 전투함의 보이지 않는 무기이다. 미국의 이지스함은 SLQ-32(V) 전자전 장치를 갖추고 있다. SLQ-32(V)는 마스트 양현에 **전자지원장치**(electronic support measure, ESM)의 멀티 빔 수신 안테나(multi-beam receive antenna)로 주변 360도의 전파를 수신하고, 해석 장치로 적아를 분석한다. 만약 적성이라면 적 전투기에서 발신한 전파인지 혹은 이미 발사된 대함 미사일의 탐지 전파인지를 신속하게 해석한다. 해석된 정보는 전투정보센터 안의 전자전 관제대와 지휘 · 결정 시스템에 시현된다. 이런 일련의 과정은 눈 깜짝할 사이에 이루어진다.

함장이 전자 공격을 지시하면, **전자방해장치**(electronic counter measures, ECM)를 사용해서 방해 전파를 발사한다. 멀티 빔 송신 장치(multi-beam transmit array)로 적의 전파와 동일한 주파수로 방해 전파를 발사한다. 이렇게 해서 적기나 적 미사일이 이지스함을 탐지할 수 없게 한다. 그러면 적의 미사일은 표적을 발견하지 못하고, 연료가 떨어져 해면에 추락하게 된다. 적 전투기는 오히려 자신이 공격당할 가능성이 높아지고, 기지로 되돌아가는 수밖에 없다.

'곤고'에는 일본산 NOLQ-2 전자전 장치를, '아타고'에는 NOLQ-2B를 장착했다. NOLQ-2는 SLQ-32(V)와 동일한 구성이다.

한국의 이지스는 한국이 독자적으로 개발한 SLQ-200(V) 소나타(sea operational system of navy and acquisition torrential attack, SONATA)를 운용한다. 수신 장치가 마스트의 세 군데에 나뉘어 있는 것이 특징이다.

미국 해군 구축함 '래슨'의 함교 측면에 설치된 SLQ-32(V).
(사진 : 가키타니 데쓰야)

일본 해상자위대 호위함 '아타고'의 NOLQ-2B.
(사진 : 가키타니 데쓰야)

한국 해군 구축함 '세종대왕'의 SLQ-200(V) 소나타.
(사진 : Hong Heebun)

# 디코이(decoy)
## – 기만체로 함정을 지킨다

적 전투기나 적 대함 미사일이 날아올 때는 우선 전자전 장치의 방해 전파로 접근을 저지한다. 방해 전파의 효과가 없을 때를 대비해 **디코이**(decoy)를 운용한다. 함장이 이지스 무기 체계의 지휘 · 결정 시스템으로 상황을 판단해서 디코이 방출을 지시하면, 전자전 관제대에서 표적에 알맞은 디코이를 선택해서 발사한다. 디코이 가운데 하나가 **채프**(chaff)다. 채프는 적의 레이더를 교란하기 위해 공중에 살포하는, 알루미늄을 코팅한 유리섬유 조각이다. 채프를 구름 모양으로 공중에 뿌리면 레이더는 그곳에 표적이 있다고 착각하게 된다.

**플레어**(flare)는 적의 적외선 추적 미사일을 교란하는 열원 탄이다. 발사된 플레어는 공중에서 터지면서 많은 열을 방출하여 적의 미사일을 유인한다. 채프와 플레어를 발사하는 투사기는 Mk36 SRBOC다.

**Mk53 널카**(Nulka)를 일부 알레이 버크급 구축함에 장착하기 시작했다. 이는 원통 형상으로, 발사되면 미리 프로그램된 고도(이지스함의 마스트 높이 정도)까지 올라가 로터를 펼쳐 회전을 시작한다. 대나무잠자리처럼 몇십 분 동안 공중을 호버링(공중정지)하면서 몇 종류의 전파를 발사해서, 마치 그곳에 이지스함의 마스트가 있다는 듯이 적 미사일을 교란한다. 그리고 그사이에 이지스함은 다른 곳으로 도주한다. 널카는 채프나 플레어와 달리 장시간 공중에 떠 있을 수 있기 때문에, 도주하면서 여러 발 발사하면 효과가 크다.

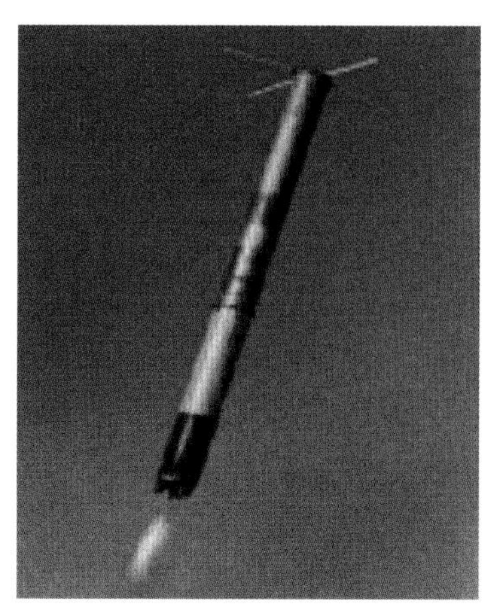

공중을 호버링하는 널카. 널카는 호주 원주민 어보리진의 말로 '신속함'을 의미한다.
(사진 제공 : 호주 국방부)

미국 해군의 구축함 '밀리우스'의 Mk53 널카 발사기. (사진 : 가키타니 데쓰야)

상륙함 '애시랜드'의 Mk36 SRBOC. 미국과 일본의 이지스함에도 장착된다. (사진 제공 : 미국 해군)

# 전술 데이터 링크(TADIL)
## – 육 · 해 · 공군뿐만 아니라 동맹국과의 연결도 가능

전술 데이터 링크는 함정, 항공기, 지상 기지 사이에 통신을 통해 데이터를 서로 교환하는 장치이다. 미국과 동맹국의 전술 데이터 링크는 **전술 디지털 정보망**(tactical digital information link, TADIL)이라고 부른다. 현대 전투는 전술 데이터 없이 작전을 수행할 수 없다. 그만큼 전술 데이터 링크가 중요하다.

이지스함이 사용하는 TADIL은 링크 16, 링크 11, 링크 4가 있다. 링크 16은 UHF대나 위성통신으로 신호뿐 아니라 음성이나 영상까지 송수신할 수 있고 미국, 일본, NATO 등 동맹국의 주요 함정에 운용한다. 링크 11은 링크 16보다 오래된 시스템이며, 이지스함에서는 링크 16을 운용하지 않는 함정과 신호 데이터를 교환하는 데 사용한다. 가까운 장래에 미국 해군, 이지스함, 또는 링크 16을 운용하지 않는 NATO 함정에는 링크 22를 장착하기로 예정되었다. 링크 22는 링크 11을 개선한 데이터 링크다.

이들 데이터 전송장치는 이지스 전투 체계 가운데 하나인 **지휘 통제 처리 장치 C2P**(model 5)에 연결된다. C2P는 암호화된 디지털 신호로 송신되는 전술 데이터 링크를 처리하고, 이지스 무기 체계 가운데 하나인 지휘 · 결정 시스템에 집약해서 시현한다. 혹은 각 담당자의 이지스 시현 시스템(ADS)에 분배되기도 한다. 화면상에는 적의 정보가 단순한 기호로 표시되는데, 링크 16에서 얻은 영상도 표시할 수 있다. 이로써 각 함정이나 상공의 초계기, 조기경보기가 발견한 적의 정보를 다른 함정이나 동맹국의 함정과 공유해서 공동작전을 원활하게 펼칠 수 있다.

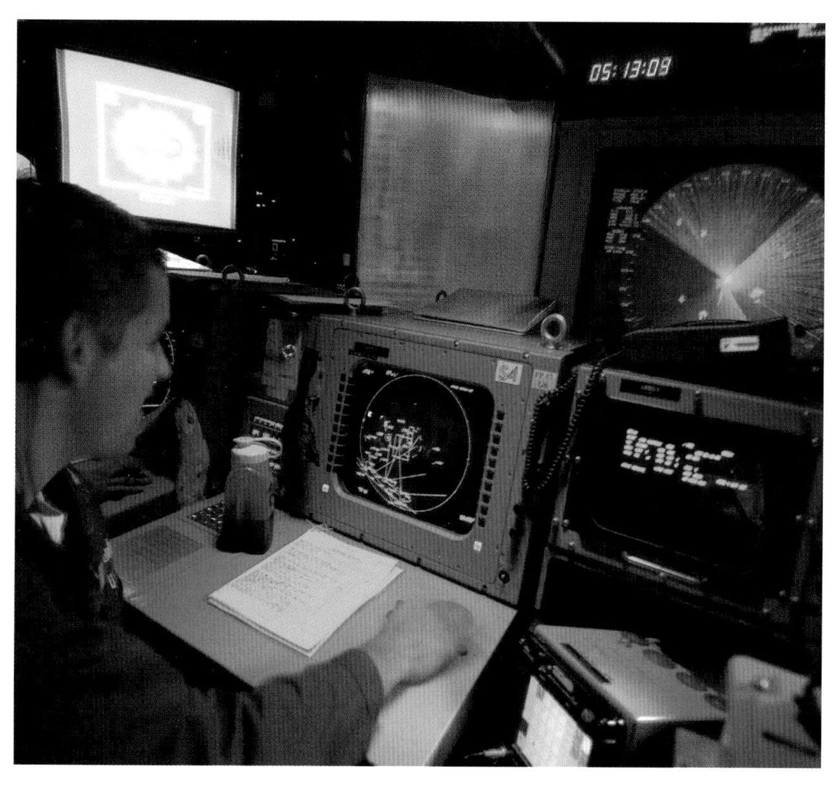


상륙함 '보놈 리처드'의 전투정보센터. 각종 함정과 항공기에서 링크 16으로 모인 정보를 화면에 시현한다(사진 일부를 수정).

(사진 : 가키타니 데쓰야)

# 헬리콥터
## – 대잠 · 대함 작전의 핵심

### 시코르스키 'SH-60B' 대잠 헬리콥터

타이콘데로가급 순양함, 알레이 버크급 구축함 플라이트 ⅡA, 바산급 프리깃에서는 시코르스키 SH-60B를 운용한다. 3세대 경공중 다목적 시스템(LAMPS Ⅲ)을 토대로 개발했다.

소나, 소노부이, 자기탐사장치(magnetic anomaly detector, MAD)로 잠수함을 탐지하고, 어뢰로 공격할 수 있다. 또한, 대수상 레이더로 적 함정을 탐지하고 대함 미사일(헬파이어)도 운용할 수 있다. 2010년경부터 신형 MH-60R로 교체할 예정이다. 미국 해군의 이지스함에는 2대, 알바로 데 바산급 프리깃에는 1대 운용한다.

### 시코르스키 'SH-60K' 초계 헬리콥터

'아타고'는 헬리콥터를 1대 운용할 수 있는데, 현재는 운용하지 않는다. 장래에 미쓰비시중공업의 SH-60K를 운용할 가능성이 있다. SH-60K는 SH-60B를 일본에서 만든 SH-60J를 토대로 미쓰비시중공업이 재설계한 신기종이다. 캐빈을 대형화해서 거주성을 높이고 로터에 복합재를 사용하는 등 신기술을 다수 채택했다.

SH-60K는 헬파이어 대함 미사일, 97식 어뢰, 대잠 폭뢰를 운용할 수 있어서 SH-60J보다 공격수단이 많아졌다. 저주파 소나 HOS-104는 포착한 데이터를 기내에서 해석할 수 있다. 합성 개구 레이더와 FLIR가 갖춰져 있다. 대수상전에서는 호위함의 레이더 범위 바깥에 있는 표적에 대해 데이터 링크를 통한 미사일 공격을 할 수 있다.

순양함 '빅스버그'의 SH-60B. (사진 제공 : 미국 해군)

미국 해군의 구축함 '커티스 윌버'에 착함한 일본 해상자위대의 SH-60K. (사진 제공 : 미국 해군)

### NHI 'NH90' 초계 헬리콥터

프랑스, 독일, 네덜란드, 이탈리아가 공동 투자한 NHI의 'NH90'은 프리드쇼프 난센급 프리깃, 알바로 데 바산급 프리깃 등에 1대씩 운용할 예정인 초계 헬리콥터다. 복합재를 많이 사용한 동체는 무게가 가볍고, 해수에 의한 부식에 강하며, 대공 레이더에 잘 잡히지 않는 스텔스성까지 겸비했다. 최신 자동 조종 장치를 채택하여 안정된 호버링 상태에서 소나를 바다에 내릴 수 있다. 소나로 잠수함을 탐지하고 어뢰나 폭뢰로 공격할 수 있으며, 대함 미사일도 운용할 수 있다.

유럽의 이지스함에는 'NFH(NATO frigate helicopter)'를, 호주의 이지스함과 호버트급 구축함에는 NH90의 다목적 헬리콥터형인 'MRH90' 또는 시코르스키의 'S-70B(SH-60)'를 장착한다.

### 아구스타 웨스트랜드 '슈퍼 링스 Mk99'

노르웨이의 프리드쇼프 난센급 프리깃은 NH90을 운용할 예정인데, 이미 배비된 5척은 아구스타 웨스트랜드(Agusta Westland)의 '링스 Mk86'을 운용한다. 링스 Mk86은 디핑소나, 어뢰 2발, 대잠 폭뢰를 장비하는 외에, 시 스쿠아(Sea Skua) 대함 미사일도 운용할 수 있다.

한국의 '세종대왕'은 2대의 헬리콥터를 운용할 수 있는데, 기종은 아직 결정하지 않았다. 한국 해군은 슈퍼 링스(Super Lynx) Mk99와 Mk99A 등 두 기종을 배비하는데, 기종이 결정되기 전에는 슈퍼 링스 Mk99를 운용할 가능성이 있다. 슈퍼 링스 Mk99는 링스 Mk86의 업그레이드형이다.

NHI가 시험 중인 NH90(NFH). 노르웨이가 운용하기 시작했고 호주도 구입하기로 결정했다.

(사진 제공 : NHI)

미국 해군의 항공모함 '스테니스'에 착함한 한국 해군의 슈퍼 링스 Mk99. '세종대왕'에서 운용할 기종은 아직 결정되지 않았다.

(사진 제공 : 미국 해군)

# 보트
## – 수상한 선박을 검문검색하는 데 활용

이지스함에 탑재하는 보트는 이지스함의 주변을 경계 감시하거나 수상한 선박을 임검(臨檢)하는 데 사용한다. 특히 최근에는 수상한 선박이나 해적에 대처하기 위해 반드시 보트를 운용해야 하는 상황이다. 보트는 리브(rigid hulled inflatable boat, RHIB)라고 한다. 흔히 고속단정이라고 부르며, 고무로 만든 현(수면 윗부분)과 섬유강화플라스틱(fiber reinforced plastics, FRP)으로 만든 바닥 부분으로 구성된다. 제작사로는 조디액, 윙, 에이번 등이 있다. 엔진을 선체 뒷부분에 설치하는 선외기 방식과, 선체 내부에 두는 인아웃 방식이 있다.

속도는 엔진의 크기와 수량에 따라 다른데, 작은 엔진으로는 30노트(56km/h), 큰 엔진으로는 70노트(130km/h)를 낼 수 있으므로 모함보다 훨씬 빠르다. 1명이 조종하고 8~14명의 인원을 태울 수 있다. 일부 리브에는 5.56mm 기관총(MINIMI)을 설치하는 받침대가 갖춰져 있다.

한국과 일본의 이지스함 외에는 모두 상기 제작사의 리브를 2~3정 운용한다. 일본 해상자위대에서는 '아타고' 외에는 리브를 운용하지 않는 대신에 FRP로 만든 내화정을 운용한다. 내화정은 소형 디젤 엔진을 1대 장착하고 약 7노트(13km/h)의 속력으로 약 25명의 인원을 태울 수 있다. 주 역할은 항만에서의 연락 업무다.

한국의 이지스함은 한국산 리브를 2정 운용한다.

구축함 '카니(Carney)'의 리브. 수상한 선박을 검문검색하는 훈련을 하고 있다. (사진 : 가키타니 데쓰야)

구축함 '핀크니(Pinckney)'의 리브. 상하 2단으로 탑재한다. (사진 : 가키타니 데쓰야)

The Strongest Shield

COLUMN 02

# SPY-1 레이더의 전자파를 쐬면 피부가 그을리는가?

이지스함의 SPY-1 레이더는 강력한 전자파를 발사해서 최대 500km 범위를 탐지한다. 그만큼 발사되는 전자파가 강력해서 인체에 영향을 미친다.

그러므로 일본 해상자위대에서는 이지스함의 SPY-1 레이더가 작동 중일 때는 승조원이 갑판에 나오지 않도록 조치한다. 또한, 항구 내에서도 SPY-1 레이더를 작동하지 않는다. 그리고 작동할 때도 무조건 최대 출력을 내지 않고, 작전 내용과 상황에 따라 출력을 적당히 가감한다. 그런데 미국 해군의 이지스함의 경우 SPY-1 레이더가 작동 중이더라도 승조원이 갑판에서 작업한다. 이는 각국의 안전 기준이 서로 다르기 때문이다.

**SPY-1 레이더의 전자파를 쐬면 피부가 그을린다**는 소문은 SPY-1 레이더를 사용해서 전자파를 적에게 집중시켜 공격하는 기술 때문에 생겨난 것 같다. 이 기술은 현재 연구 단계다. 그러나 적을 공격하는 것이 아니라 탐지하는 데 이용하는 SPY-1 레이더는 최대 출력을 내더라도 사람의 피부가 그을리지는 않는다.

만약 SPY-1 레이더의 전자파를 쐬었다고 피부가 그을린다면 발사 직후의 SM-2, 작전 구역을 비행하는 아군기, 근처를 항행 중인 아군 함정도 검게 그을려야 할 것이다. 이런 일이 발생하지 않는다는 것은 SPY-1 레이더를 쐬어도 피부가 그을리지는 않는다는 방증이다.

다만, 피부가 그을리지는 않더라도 전자파가 인체에 어떤 영향을 미치는지는 의학적으로나 과학적으로 충분히 증명되지 않았다.

# 제 3 장

# 이지스함의 전투 방법

이지스함은 어떤 방법으로 적을 쓰러뜨릴까?
이 장에서는 이지스함만의 독특한 전법부터 이지스함을 운용하는 방법,
이지스함이 과거에 치렀던 실전 내용까지 설명한다.

'곤고'가 일본 해상자위대의 함정으로서는 처음으로 탄도 미사일을 요격하는 SM-3을 발사하는 장면. (사진 제공 : MDA)

# 이지스함의 대공전 ❶
## – 레이더

적 전투기나 미사일에 맞서 싸우는 것을 대공전(anti air warfare, AAW)이라고 한다. 이지스함은 대공전을 통해 함대, 이지스함 자신, 민간 선박을 보호해야 한다. 대공전에 필수적인 장비는 대공 레이더와 대공 미사일이다. 3,000톤 이상의 수상 전투함은 성능의 차이는 있을지언정 대부분 대공 레이더를 갖춘다. 중소 규모의 해군이 대공 레이더를 갖추지 못한 전투함을 운용하는 것을 보면 대공전 장비가 얼마나 고가인지 알 수 있다.

대공전은 우선 표적 탐지부터 시작한다. 대공 레이더로 탐지한 물체는 전투정보센터의 레이더 화면상에 시현된다. 그리고 함교 뒷부분의 마스트 위에 있는 원반형 피아 식별 장치로 피아 식별 신호(identification friend or foe, IFF)를 분석한다. 아군의 식별 신호를 수신할 수 없고 무선 교신 호출에도 응답하지 않는 경우, 적성 비행체일 가능성이 높다. 그러면 즉각 대공 전투 준비 명령이 발령되고, 승조원은 헬멧 등의 방호구를 착용하고 전투태세에 들어간다.

레이더는 표적(비행 물체)을 끊임없이 추적하고, AAW 콘솔에 시현되는 표적의 방위, 각도, 속도, 진행 방향을 계속해서 파악한다. 비행 물체의 비행 코스나 기동 등을 자동으로 해석하여 적이라고 판단되면 대공 전투를 발령한다. 전술지휘관은 콘솔에 표시된 무기 가운데 어느 무기를 사용해서 공격할지 선택한다. 대공 미사일을 선택하면 제원을 입력하고, 전술지휘관 또는 함장의 명령에 따라 교전한다.

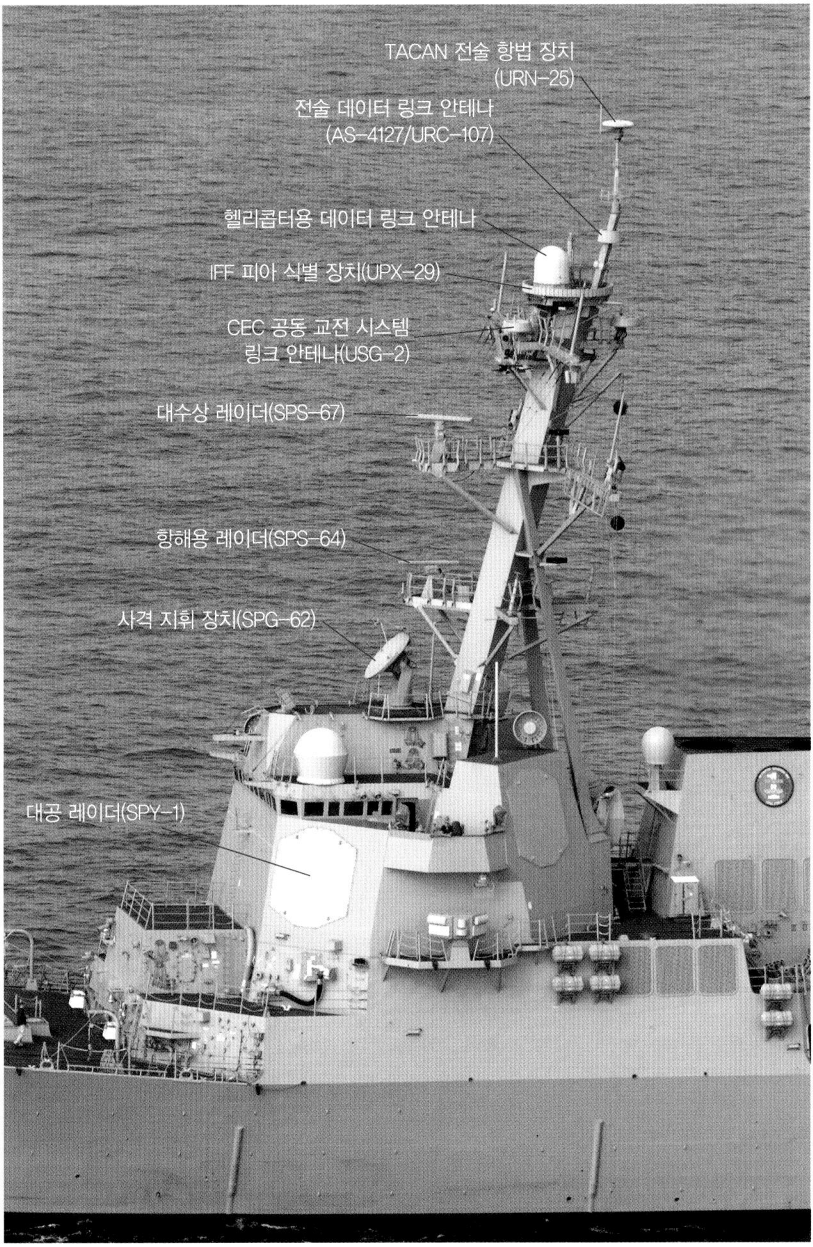

미국 해군의 구축함 '핀크니'. 마스트 중간에서 약간 위쪽에 위치한 원반형 장치(하얀색 돔 아래쪽)가 피아 식별 장치(IFF)의 수신 장치다. (사진 : 가키타니 데쓰야)

# 이지스함의 대공전 ②
## – 미사일

미사일은 접근하는 표적을 스스로 찾을 수 없으므로 이지스함의 유도를 받아야 한다. SPY–1 레이더는 시시각각 변화하는 표적의 위치를 끊임없이 추적한다. 이 데이터를 기초로 표적의 장래 위치를 계산하고, 표적을 향하는 미사일에 방향을 지시한다. 미사일을 발사한 경우에는, 화면상에 또 하나의 광점(blip)이 나타난다. 이때 컴퓨터가 추적하던 표적보다 미사일을 더욱 중대한 위협으로 판단하는 경우에는 수정 명령을 내린다. 표적을 수정할 시간이 빠듯하다고 판단되면, 다가오는 미사일을 향해 두 번째 미사일을 발사한다. 이런 식으로 차례대로 새로운 위협을 추적하면서 교전한다.

미사일이 표적에 근접했을 때의 최종 유도는 일루미네이터가 수행한다. 일루미네이터는 날아오는 표적을 향해 전파를 발사하고, 되돌아오는 전파를 통해 표적의 방향을 파악해서 명중케 한다. 한국, 일본, 미국의 이지스함은 일루미네이터를 3대 장비하므로, 시간 간격을 두고 동시에 대공 미사일 15개를 최종 유도할 수 있다.

한편, 이지스함 외의 전투함이 대공 미사일을 유도할 때는 1개의 표적에 1대의 일루미네이터가 전파를 끊임없이 조사해야 하므로, 1개의 표적당 1대의 일루미네이터가 필요하다.

일루미네이터는 '조사기', '사격 지휘 장치', '조사 지휘 레이더'라고도 부른다. 사진은 '곤고' 함교에 있는 접시 모양의 일루미네이터다. (사진 : 가키타니 데쓰야)

미국 해군의 알레이 버크급 구축함 '핀크니'의 뒷부분에 설치된 일루미네이터. (사진 : 가키타니 데쓰야)

# 이지스함의 대공전 ③
## – 방어

이지스함은 함대를 지키기 위해 대공 미사일을 운용한다. 그러나 대공 미사일, 레이더, 일루미네이터도 기계인 이상 여러 가지 결함으로 표적에 명중시키지 못할 가능성이 있다. 요격에 실패한 다음의 행동은 방어다. 적의 대함 미사일은 전파를 발사해서 그 반사파를 수신하면서 표적의 위치를 특정하고 습격할 수 있다(이를 능동 추적이라고 한다). 이 전파를 방해해서 적의 대함 미사일을 불능으로 만들 수 있는 것이 전자전 장치다. 이 장치를 사용한 전투 방법을 전자전(electronic warfare, EW)이라고 한다.

이지스함은 전자 방해를 하면서 **5인치 포** 등의 주포로 대함 미사일에 대해 탄막사격을 가한다. 미국과 스페인의 이지스함 및 일본 '아타고' 5인치 포는 1분에 20발, '곤고'는 1분에 45발, 노르웨이의 이지스함은 76mm 포로 1분에 85발을 사격할 수 있다.

그리고 대함 미사일이 이 탄막을 뚫고 더욱 가까이 접근하면, 이번에는 채프, 플레어, 널카 등 적을 교란하는 무기를 살포한다. 마치 공중에 이지스함이 있는 것처럼 그곳에 반사물이나 적외선을 방출하는 것이다. 채프, 플레어, 널카 등을 살포하면서 회피 가동에 들어간다. 이지스함의 마지막 방어 수단은 **CIWS**로, 팰랭크스 20mm 기관포가 1초 동안 75발의 탄막을 퍼붓는다. 만일 이 방어에 실패하면 적의 미사일은 표적에 명중하게 된다.

'곤고'를 상대로 가상의 적 역할을 수행하는 F-16. 적의 대함 미사일을 상정해서 고속 표적을 장착하고 있다.
(사진 : 가키타니 데쓰야)

플레어를 공중에 방출하는 '야마유키'. 이지스함도 이와 같은 방법으로 방어한다.
(사진 : 가키타니 데쓰야)

# 이지스함의 대공전 ④
## – 스텔스 전투기를 과연 찾아낼 수 있는가?

F–22 랩터와 B–2는 레이더에 비치지 않는 기술을 지닌 스텔스기다. 물체의 레이더 반사율을 **레이더 단면적**(radar cross section, RCS)이라고 하는데, 스텔스기는 레이더 단면적을 극단적으로 줄인 디자인을 채용한다. 이론상으로는 이지스함의 SPY–1 레이더에도 포착되지 않는다.

현재, 스텔스기는 미국 공군만이 운용하고 있으므로 스텔스기가 동맹국의 이지스함과 대치하는 일은 없다. 하지만 장래에 러시아도 스텔스 전투기를 개발할 예정이기 때문에 이지스함에 위협이 될 것이다. 게다가 러시아와 중국이 개발 중인 스텔스기는 대함 공격 능력이 있다고 알려져 있다. 스텔스성이 높은 대함 미사일도 연구되고 있다. SPY–1 레이더로 포착한 스텔스기가 실제로 레이더 화면상에 어떻게 나타나는지는 발표되지 않았다. 그런데 스텔스기가 날아다니는 기지 주변의 공항 레이더에는 스텔스기를 나타내는 광점이 여객기의 10분의 1 이하로 표시되어, 거의 비치지 않는다고 한다.

탈레스 네덜란드사의 기술자는 그들이 개발 중인 능동 위상 배열 레이더(active phased array radar, APAR)로 네덜란드 덴헬데르 앞바다에서 F–117을 탐지했다고 밝혔다. 이는 기술적으로 이지스함에서도 스텔스기를 포착할 수 있는 가능성이 있다는 의미다. 그렇다고 해도 레이더 화면에는 거의 나타나지 않기 때문에 해석 장치가 스텔스기의 위협을 제대로 판단할 수 있을지는 의문이다.

세계 최강의 전투기라고 불리는 미국 공군의 전투기 F-22. 스텔스성이 매우 높다.

(사진 : 가키타니 데쓰야)

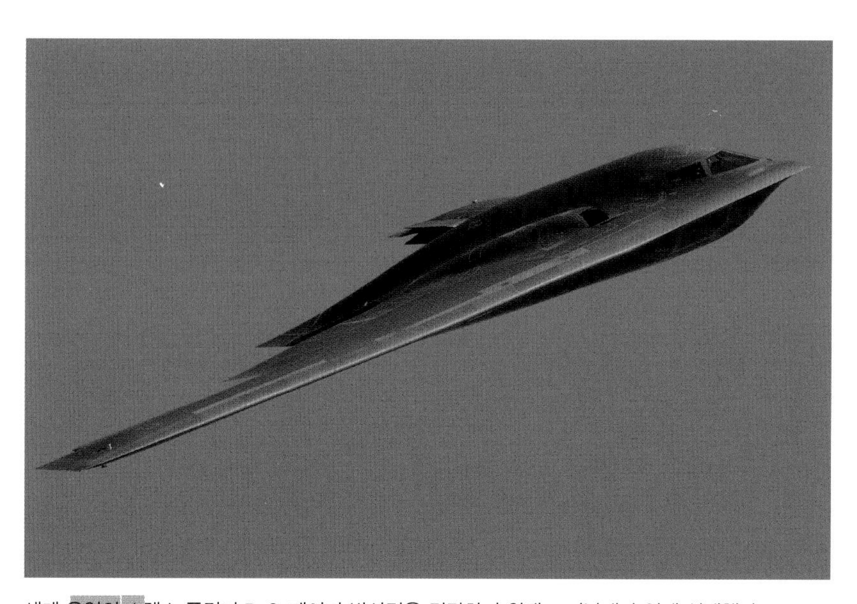

세계 유일의 스텔스 폭격기 B-2. 레이더 반사면을 경감하기 위해 꼬리날개가 없게 설계했다.

(사진 : 가키타니 데쓰야)

# 이지스함의 대잠전 ❶ – 방어

이지스함뿐만 아니라 모든 수상함의 가장 큰 적은 잠수함이다. 잠수함에 맞서 싸우는 것을 **대잠전**(anti submarine warfare, ASW)이라고 한다. 평상시 훈련 중에도 외국 잠수함이 접근하면 훈련을 중지하고 그 해역에서 이탈할 정도로 잠수함은 위협적이다. 잠수함은 평상시에도 상대국의 함정이 발신하는 소리를 수집한다. 그리고 유사시에 해저를 항행하는 적 잠수함은 접근하는 수상함의 소리와 이전에 축적한 소리 데이터를 비교해서 수상함의 함종과 함명을 특정한다.

대잠전을 벌일 때 이지스함 등 수상함 측에서 먼저 잠수함에 공격을 가하는 경우는 거의 없다. 이지스함이 함수의 소나로 잠수함을 탐지하기 시작할 즈음에는, 이미 잠수함이 이지스함의 소리를 수집해서 위치를 특정하고 어뢰 발사관을 열어 언제든지 공격할 수 있는 상태이기 때문이다.

전투는 이렇게 전개된다. 우선 적 잠수함이 먼저 이지스함을 발견하고 어뢰를 발사한다. 그러면 이지스함은 어뢰 소리를 탐지하고 회피 기동을 시작한다. 회피 기동을 하면서 함정이 일으키는 소리와 비슷한 신호를 일으키는 **닉시**(SLQ-25)를 방출한다. 적 어뢰는 닉시를 이지스함으로 혼동해서 추적하게 된다. 또한, **매스커**(차음용 기포 발생 장치)로 기포를 방출한다. 매스커는 선체 현측의 각 부위에 있고, 선체를 통해 바다로 흘러나가는 엔진 소리 등을 기포로 차단해서 선체 소리가 직접 해수로 전달되지 않도록 만든다. 이렇게 적의 어뢰를 기만한다.

선체에서 매스커를 방출하면서 항행하는 '사와기리'. 해면의 하얀 물줄기는 스크루의 항적이 아니라 매스커의 거품이다. (사진 : 가키타니 데쓰야)

항공모함 '조지 워싱턴'에서 닉시를 방출하는 장면. (사진 제공 : 미국 해군)

# 이지스함의 대잠전 ②
## – 탐지

적 잠수함의 어뢰를 피한 이지스함이 반격에 나선다. 우선 적 잠수함의 위치를 특정하는 여러 가지 소나를 사용한다. 함수의 바우소나로 음파를 분석해서 잠수함의 거리, 방향, 심도를 특정한다. 이를 능동 방식이라고 부르며, 상대방도 음파를 수신할 수 있으므로 이지스함의 위치도 동시에 노출된다는 단점이 있다.

미국의 이지스함과 일본의 '곤고'에는 예항소나(towed array sonar system, TASS)가 있다. 예항소나는 함미에서 길이 250m 정도의 수중 마이크를 약 2km의 케이블로 예항하며 잠수함 소리를 수집하고 거리를 탐지한다. 이는 수동 방식이어서, 자신의 위치(TASS의 위치)를 노출당하지 않는다.

타이콘데로가급, 알레이 버크급 플라이트 ⅡA 및 유럽의 이지스함은 대잠 헬리콥터를 운용한다. 대부분의 잠수함은 상공의 헬리콥터를 공격하는 무기를 보유하지 않기 때문에, 대잠 헬리콥터는 잠수함의 입장에서 큰 위협이 된다. 대잠 헬리콥터는 해면에 소노부이(sonobuoy)를 몇 개 투하하여, 수동 방식으로 수중의 소리를 탐지해서 잠수함의 위치를 특정한다. 이어서 헬리콥터는 디핑소나(AQS-13F)를 수중에 내리고, 음파를 발신해서(능동 방식) 되돌아오는 음파로 수중 물체의 정확한 위치를 파악한다.

이 방법 외에도 자기탐사장치(magnetic anomaly detector, MAD)로 잠수함의 자기를 읽어내어서 잠수함의 위치를 파악할 수도 있다. MAD는 해면에 투하하지 않기 때문에 잠수함에 노출되지 않는다.

시코르스키 'SH-60B 시호크'에 소노부이를 장착하는 장면. 최대 20개의 소노부이를 장착할 수 있다.
(사진 : 가키타니 데쓰야)

능동 방식으로 잠수함의 위치를 탐지하는 디핑소나를 수중에 내리는 시코르스키 'SH-60F'.
(사진 제공 : 미국 해군)

# 이지스함의 대잠전 ❸
## – 공격

적 잠수함의 위치를 특정하면 이번에는 공격할 차례다. 수중의 잠수함에 대한 공격은 어뢰와 폭뢰를 사용한다. 이지스함은 3연장 또는 2연장의 어뢰 발사관을 양현에 설치하여 잠수함을 어뢰로 공격할 수 있다.

한국, 일본, 미국의 이지스함에 장착하는 대잠 로켓 ASROC은 매우 효과적인 대잠전 무기이다. 수직 발사 시스템에서 쏘아 올리는 로켓에 장착하는 어뢰다. 상공에서 분리되어 어뢰 부분이 해면에 닿으면 작동하기 시작해서 표적을 추적하기 시작한다. 장거리에서 적 잠수함을 노릴 때 대단히 효과적이다.

스페인 해군의 알바로 데 바산급은 대잠 박격포라고 불리는 대잠 폭탄 투사기를 갖추고, 폭탄이 폭발하는 심도를 발사 직전에 세팅할 수 있다. 이지스함에 싣는 SH–60B 대잠 헬리콥터에는 대잠 폭탄을 탑재할 수 없지만, '아타고'의 SH–60K 헬리콥터는 대잠 폭탄을 운용할 수 있다. 수중에서는 충격이 잘 전달되기 때문에 잠수함에 직격하지 않더라도, 잠수함 근처에서만 폭발하면 잠수함 외부와 내부에 손상을 가할 수 있다. 수상함은 약간의 손상을 입어도 전투 능력을 완전히 상실하지는 않지만, 잠수함은 조금만 손상을 입어도 침수위험 때문에 전투를 지속하지 못한다. 응급처치도 불가능하기 때문에 부상하여 탈출하는 수밖에 도리가 없다. 잠수함은 이지스함의 가장 큰 적이지만, 전술에 따라서는 형세를 역전케 할 수도 있다.

러시아 북해 함대의 델타 Ⅳ급 탄도 미사일 원자력 잠수함. (사진 제공 : Department of Defense)

잠수함 가운데 소리가 적은 편에 속하는 러시아제 킬로급 공격형 잠수함. 사진은 인도 해군의 '신두락샤크'다. (사진 : 가키타니 데쓰야)

# 이지스함의 대지상전
## – 토마호크로 지상 표적을 공격할 수도 있다

원래 이지스함의 개발 목적은 대공 미사일만으로 함대를 방어하는 것이었지만, 수직 발사 시스템을 갖춘 개량형 타이콘데로가급에서는 토마호크 순항 미사일과 같은 대지·대함 공격이 가능한 미사일도 운용할 수 있게 되었다. 이렇게 함으로써 이지스함은 해안에서 1,000km 이상 떨어진 적지에 직접 공격하는 **타격전**(strike warfare, STW)이 가능해졌다. 스페인의 알바로 데 바산급과 한국의 세종대왕급도 앞으로 순항 미사일을 운용할 예정이다. 토마호크에는 핵탄두형도 있지만, 미국 해군은 1980년대 후반부터 수상함에서 핵무기를 배제했기 때문에 현재는 핵탄두를 장착하는 토마호크를 운용하지는 않는다. 함에서 핵무기를 운용하게 되면 관리 책임자나 승조원의 훈련과 안전 교육이 필요하여 다른 작전에 영향을 끼친다. 핵무기를 운용하면 군함의 기능이 떨어지는 셈이다. 즉, 이지스함은 **핵무기를 싣지 않아야 유연하게 작전을 펼칠 수 있다.**(역자주: 편견일 수 있다.)

그 외에 5인치 포와 76mm 포를 대지 공격에 사용할 수도 있다. 5인치 포 Mk45 Mod4를 장비하면 GPS로 유도할 수 있는 **유도포탄**(ERGM)으로 정밀 공격도 할 수 있게 된다. 또한, 2009년 이후 새로 제작된 알레이 버크급부터는 무인 Mk38 Mod4 25mm 기관포로 연안 대지 사격 시험을 실시하고 있다. 그리고 알레이 버크급에는 1개 소대 정도의 해병대를 싣고 보트나 헬리콥터로 상륙시키는 훈련도 시작한다. 25mm 기관포의 대지 사격 시험은 상륙한 해병대나 특수부대를 지원해야 할 경우를 상정한다.

미국 해군의 순양함 '필리핀 시(Philippine Sea)'에서 아프가니스탄 본토의 테러리스트 거점을 향해 토마호크 순항 미사일을 발사하고 있다.
(사진 제공 : 미국 해군)

아프가니스탄에서 해군 특수부대 'SEAL'이 해상 함정과 연락을 취한다. 사진은 아프가니스탄 동부에서 관측 활동 중인 SEAL 대원이다.
(사진 제공 : 미국 해군)

# 이지스함의 대수상전
## – 헬리콥터를 이용해서 멀리 있는 적을 쓰러뜨린다

적의 수상 전투함과 벌이는 전투를 대수상전(anti surface warfare, ASuW)이라고 한다. 가장 효과적인 대수상전 전법은 대함 미사일을 운용할 수 있는 헬리콥터를 사용하는 것이다. 헬리콥터는 작전행동 범위 내에서라면 멀리 떨어진 곳까지 공격할 수 있기 때문이다.

예를 들어, 초계 헬리콥터는 적 함정의 대공 레이더에 포착되지 않도록 해면 가까이를 비행하면서 적 함정에 접근한다. 그리고 헬리콥터의 레이더를 활용할 수 있도록 적 레이더에 포착되지 않는 범위 내에서 조금씩 상승하여 적 함정을 공격한다. 그러고 나서 헬리콥터는 곧바로 고도를 낮춘다. 헬리콥터가 대함 미사일로 공격한 후에도, 적 함정의 위치 정보를 이지스함에 보내서 그 위치 정보를 토대로 재차 공격하는 방법도 취한다. 헬리콥터와 이지스함이 협력함으로써 적 함정을 확실하게 격침하는 방법이다.

이지스함의 적 전투함과 교전할 수 있는 무기는 대함 미사일과 함포이다. 미국과 일본의 이지스함은 8발의 미사일을 운용하는 반면, 한국의 이지스함은 16발을 운용한다. 통상 대함 미사일은 사정거리가 110~150km 정도다. 일반적으로 초계 헬리콥터가 적 함정의 위치를 확인하면, 그 데이터를 토대로 대함 미사일을 발사한다. 함포는 5인치 또는 76mm가 일반적이며, 사용하는 탄은 보통탄(HE)이나 철갑탄(API)이다. 그러나 상대 함정이 3,000톤 정도의 크기라면, 5인치 포탄을 최소한 10발을 효과적으로 명중시켜야만 겨우 전투 불능 상태에 빠뜨릴 수 있다.

미국 해군의 순양함 '레이크 에리'에서 하푼(Harpoon). 훈련탄 'TRGM-84'를 발사하는 광경.
(사진 제공 : 미국 해군)

The Strongest Shield

# 대테러전
## – 자폭 테러로부터 함정을 보호한다

이지스함이 가장 취약한 때는 승조원의 휴식을 위해 항구에 정박할 때다. 2000년에 아덴(Aden) 항에 정박 중인 미국 함정에 소형 보트가 충돌하여 승조원 17명이 사망한 사건이 있었다. 이러한 자폭 테러를 경계하는 일을 **전투력 방호**(force protection)라고 한다.

전투력 방호는 보트, 차량, 소형 항공기 또는 테러리스트의 자폭 테러를 경계하는 일이다. **견시**(watch)라고 하는 감시 요원이 육안으로 감시한다. 갑판이나 현측의 통로에 M2 기관총을 설치하고, 함교 옆의 윙에는 MINIMI 기관총을 설치하며 방탄복과 헬멧을 착용한 감시 요원이 활동한다. 또한, 미국의 이지스함은 감시 카메라를 활용해서 무인 사격할 수 있는 25mm 기관포 Mk38 Mod2를 운용하기도 한다. 함내에서 모니터를 보면서 24시간 감시할 수 있다.

그러한 경우를 대비해서 테러리스트는 수중으로 접근해서 함정에 폭발물을 설치하기도 한다. 그러므로 다이버들이 이따금씩 잠수해서 선체 하부를 확인한다. 또한, 테러리스트가 헬리콥터로 착함해서 함을 탈취하려고 할 수 있기 때문에 갑판에 헬리콥터가 착함할 수 없도록 **스파이크 장치**(spike device)를 두기도 한다. 분쟁 지대에서 가까운 항구나, 미국과 우호 관계가 없는 나라의 항구에서는 함정을 안벽에 대지 않고 앞바다에 머문 채 닻을 내리는 경우도 많다. 이러한 때에는 리브를 내려서 함정 주변을 경계한다.

순양함 '요크타운(Yorktown)'의 함교 윙 부분의 12.7mm 기관총 M2. 10m 정도의 소형 보트를 산산조각낼 수 있다.
(사진 제공 : 미국 해군)

필리핀 수빅(Subic) 항에 정박 중인 구축함 '폴 해밀턴'의 헬리콥터 갑판에 설치된 착함 방지용 스파이크 장치.
(사진 : 가키타니 데쓰야)

The Strongest Shield

# 해상치안활동
## – 검문검색팀이 수상한 선박을 임검한다

**해상치안활동**을 MSO(maritime security operation)라고 한다. 해상치안활동의 주된 임무는 임검 또는 **해상저지작전**(maritime interdiction operation, MIO)이다. 해상저지작전은 민간 선박이 무기, 군수물자, 금수 품목 등을 수송한다는 혐의가 있을 경우, 혹은 테러리스트를 지원한다는 혐의가 있을 경우에 혐의 선박의 행동이나 적재물을 확인하는 임무다.

우선 혐의 선박에 접근해서 무선, 깃발신호, 광선 등으로 정선을 명한다. 이어서 **검문검색팀**(visit board search and seizure, VBSS)을 파견한다. 검문검색팀은 리브나 헬리콥터로 혐의 선박에 승선해서 선내를 검사한다. 미국 해군 이지스함의 검문검색팀은 승조원 가운데 15명을 선발해서 두 그룹으로 편성한다. 대원은 특별한 교육을 받아 검문검색팀원 자격을 취득하고 돌격소총, 산탄총, 권총 등의 소화기를 휴대한다. 검문검색팀은 통상 2정의 리브에 나누어 탑승한다. 1정은 검문검색을 담당하고 다른 1정은 혐의 선박에 승선할 때 경계 감시와 경고 사격 등의 지원 활동을 한다. 헬리콥터로 검문검색 활동을 하는 경우도 있다(이런 부대를 HVBSS라고 한다). 검문검색팀은 혐의 선박에 승선한 후 함장에게 화물 리스트를 제출하라고 요구하고, 그 화물 리스트를 토대로 선내에서 혐의 품목을 압수한다. 국제법에 따라 혐의가 인정되면 해안경비대 등 법 집행기관에 신고하고 선박과 선원의 신병(身柄)을 인도한다.

미국 해군의 구축함 '버클리'에서 리브를 타고 출동하는 검문검색팀. (사진 제공 : 미국 해군)

미국 해군 순양함 '레이크 샘플레인'의 함상에서 훈련하는 검문검색팀. M4 돌격소총과 콜트 거버먼트 권총으로 무장한다. (사진 제공 : 미국 해군)

# 대량파괴무기의 확산 방지
## – 각국과의 연대가 필요한 어려운 임무

이지스함 해상치안활동의 목적 가운데 하나는 핵무기 등의 대량파괴무기를 운반하는 혐의가 있는 선박을 저지하는 일이다. 2003년에 미국과 일본 등 11개국이 모여 **대량파괴무기 확산 방지 구상**(proliferation security initiative, PSI)의 틀을 결정하고, 참가한 각국이 대량파괴무기 확산 방지를 위해 조치하기로 합의했다. 그리고 2009년 6월 1일 현재 세계 95개국이 가입했다. 감시 대상은 대량파괴무기 자체뿐 아니라, 제작에 필요한 재료나 물질, 정밀공작기계, 설계자, 과학자, 기술자 등도 포함한다.

PSI의 가맹국은 서로 협력하면서 해군과 해상법 집행기관을 통해 혐의 선박이 수송하는 대상 품목을 감시한다. 저지 작전은 해상치안활동 중에서도 큰 비중을 차지하며, 혐의 선박을 연안국이나 관계국의 해군과 해안경비대가 추적하고 검색한다. 이지스함은 상대국의 전투기에 의한 방해, 헬리콥터에 의한 용의자 도주, 물자 반출을 저지하기 위해 공중을 감시하고 필요하면 PSI 가맹국이나 주변국에 지원전력을 요청한다. 검문검색팀은 선내를 제압한 후 혐의 물자를 확인하고, 혐의 선박을 연행한다. 그러는 도중에도 이지스함은 주변 해역과 공역을 감시한다.

2009년 5월에 북한이 두 번째 핵실험을 단행한 것을 계기로 한국이 PSI에 가입함으로써 이지스함을 보유한 모든 국가가 PSI에 참가하게 되었다. 핵물질 관련 밀수품은 방호가 심하고, 각 정부의 입장 차이가 심대하므로 매우 어려운 임무 중 하나이다.

2003년 일본 최초의 PSI 훈련에서 혐의 선박을 수색하기 위해 일본 해상보안청 순시선 '시키시마'(사진 뒤쪽)와 합동작전을 벌이는 미국 해군 구축함 '커티스 윌버'(사진 앞쪽). (사진 : 가키타니 데쓰야)

'커티스 윌버'가 혐의 선박(사진 앞쪽)을 감시하는 중에, '시키시마'에서 특수부대를 실은 헬리콥터가 접근하고 있다. (사진 : 가키타니 데쓰야)

# 전쟁 이외의 군사작전
## – 인도적 지원과 수색구조도 중요한 임무

전쟁 이외의 군사작전은 **MOOTW**(military operation other than war)라고 한다. 이지스함이 수행할 수 있는 MOOTW는 해상저지작전이나 PSI 작전 외에 경비활동, 재해파견, 인도적 지원, 구조 등 군대의 수송력이나 의료를 사용한 임무가 있다. MOOTW의 경비활동은 주로 정변이나 재해에 의해 정세가 불안정한 지역에 인접하는 항만이나 연안에서 해상 범죄와 동란을 억제하려는 목적으로 함정을 배치하는 것이다. 특히 외국에서는 해당 지역 경찰력이 붕괴되었을 때 정부와 UN의 요청으로 행동을 개시한다.

**인도적 지원**(humanitarian assistance operation, HAO)은 구호물자를 수송하거나, 의료 활동을 벌이는 일이다. 남오세티야(South Ossetia) 전쟁에서 구축함 '맥폴(McFaul)'이 인도적 지원 활동을 펼쳤다.

**수색구조**(search and rescue, SAR)는 헬리콥터와 리브를 활용해서 해상의 조난자를 수색하고 구조하는 임무다. 개발도상국에 함정을 파견해서 급수와 건물을 수선하는 **ENCAP**(engineering civil action program/project)도 넓은 의미에서의 MOOTW이다. 2008년에 캄보디아에서 구축함 '머스틴(Mustin)'이 ENCAP를 수행했다.

해적이나 마약 운반 등의 해상 범죄를 단속하는 것도 MOOTW의 일부다. 해적 피해를 입은 선박에서 구조 요청이 들어오면 헬리콥터로 현장 해역에 출동하여 해적을 상공에서 격퇴하거나, 검문검색팀을 편성해서 리브로 피해 선박에 접근하기도 한다. 미국의 경우에는 미국 해안경비대와 합동으로 작전하는 사례가 많다.

2003년 북아라비아해에서 마약 운반선(사진 앞쪽의 다우선)을 적발한 순양함 '포트 로열'. 이지스함은 해상저지작전의 일환으로 마약 운반 혐의가 있는 선박을 검문검색할 때, 주변 공역도 경계 감시한다.
(사진 제공 : 미국 해군)

2009년 3월 소말리아 앞바다에서 해적의 공격으로 5일 동안 표류하던 선원들을 구축함 '베인브리지(Bainbridge)'와 강습상륙함 '복서(Boxer)'가 구조하고 있다. (사진 제공 : 미국 해군)

# 이지스함의 실제 임무 수행 사례 ❶ – 대공전

순양함 '빈센스(Vincennes)'가 SPY–1 레이더와 SM–2 대공 미사일을 사용해서 이란 여객기를 격추한 사건이 있었다. 당시에는 이란 · 이라크 전쟁이 한창이어서 동맹군이 민간 선박을 호위하는 어니스트 윌(Earnest Will) 작전을 실시하고 있었다. 1988년 7월 3일, 테헤란을 출발한 이란항공 655편(에어버스 A300)이 민간기 식별 부호(Mode C)를 발신하면서 페르시아 만 상공을 비행하고 있었다.

순양함 '빈센스'도 피아 식별 장치(IFF)로 이 식별 부호를 수신하고 무선으로 이 항공기를 확인하고자 했다. 그러나 응답이 없었다. 함장은 레이더에 비치는 기체 형태가 이란 공군의 F–14A 전투기 편대라고 의심했다. 1987년에 이라크 공군의 미라주 F1 전투기가 미국 해군의 프리깃 '스타크(Stark)'를 이란 군함으로 착각해서 엑조세 미사일로 공격한 사건이 있었기 때문에, 이번에도 오인공격의 가능성이 있다고 판단했다.

또한 당시 한정적인 대지 · 대함 공격 능력밖에 없던 미국의 F–14A와 달리, 이란 공군은 F–14A의 화기 관제 장치를 독자적으로 개조해서 실크웜(Silk Worm) 대함 미사일을 운용할 가능성이 있었다. 그래서 함장은 SM–2를 발사했다.

그러나 격추된 것은 이란의 여객기였다. 당연히 이 사건은 양국 간에 커다란 문제로 비화되었다. 이 사건은 작전 환경하에서 SPY–1 레이더와 SM–2로 항공기를 격추한 유일한 사례다.

처음으로 전투 환경하에서 SPY-1과 SM-2로 항공기를 격추한 순양함 '빈센스'. 사진은 도쿄 만에서 실시한 관함식 때 촬영한 것이다.
(사진 : 가키타니 데쓰야)

SM-2로 격추된 항공기는 이란항공의 에어버스 A300이었다. 사진은 테헤란 공항의 이란항공 에어버스 A310(A300과 동급)이다.
(사진 : 가키타니 데쓰야)

# 이지스함의 실제 임무 수행 사례 ②
## – 토마호크 미사일

이지스함이 처음으로 대지 공격임무를 수행한 것은 1991년의 걸프 전쟁에서였다. Mk41 VLS 화기 관제 시스템에 토마호크 순항 미사일 운용 능력을 추가함으로써 대지 공격이 가능해졌다. 개전 직후 7척의 타이콘데로가급 순양함에서 총 105발을 발사하여 이라크군의 주요 기지를 공격했다. 1996년의 이라크에 대한 데저트 스트라이크(Desert Strike) 작전에서는 순양함 '샤일로(Shiloh)', 구축함 '라분(Laboon)'과 '래슨(Lassen)', '휴잇(Hewitt)', 잠수함 '제퍼슨 시티(Jefferson City)'에서 31발을 발사했다. 알레이 버크급 구축함이 토마호크를 발사한 것은 이때가 처음이다.

아프가니스탄의 항구적 자유(Enduring Freedom) 작전 중에는 처음으로 내륙국을 공격했다. 2001년 10월 7일~15일에 이지스함과 미국 · 영국의 잠수함은 북아라비아해로부터 1,000km 이상 떨어진 아프가니스탄 북서부를 향해 93발의 토마호크를 발사했다. 이제 더 이상의 토마호크 공격은 없지만, 항구적 자유 작전은 지금도 진행 중이며 항공기에 의한 공격은 계속되고 있다.

2003년의 이라크 자유(Iraqi Freedom) 작전에서는 개전 초기에 45발을 발사했다. 다른 때보다 적은 이유는 토마호크로 공격한 다음 항공기를 이용한 공격을 하기까지의 시간차를 줄이기 위해서라고 보인다. 토마호크의 비행을 위해 장시간에 걸쳐 공역을 폐쇄해야 하는 일을 피하고 싶었던 것이다.

2003년 이라크 자유 작전에서 토마호크를 발사하는 순양함 '케이프 세인트 조지(Cape Saint George)'.
(사진 제공: 미국 해군)

# 이지스함의 실제 임무 수행 사례 ③
## – 대잠 · 대수상전

미국 제5함대는 페르시아 만의 바레인(Bahrain)에 사령부를 두고, 페르시아 만과 북아라비아해에서 활동하는 수많은 함정을 지휘한다. 함정이 북아라비아해에서 페르시아 만으로 들어갈 때는 이란과 오만 사이에 있는 호르무즈(Hormuz) 해협을 통과한다. 미국 함정은 이때 이란 해군의 움직임을 가장 경계한다.

이란 해군은 호르무즈 해협에 킬로급 잠수함을 배치하고 활동하는 미군의 동향을 감시한다고 알려져 있다. 함정들은 항상 공격당할 수 있기 때문에 함수의 능동 소나를 사용해서 킬로급 잠수함의 위치를 확인한다. 어뢰 발사관에는 실탄을 장전하고 언제든지 발사할 수 있도록 해면을 향하고 있다. 지금까지 킬로급 잠수함의 도발이 있었다는 발표는 없었지만, 이란 해군 수상함의 도발은 일상적으로 일어난다. 알반드급 프리깃이나 고속초계정 등이 호르무즈 해협 남측에서 대기하다가, 해협을 통과하려는 미국 함정에 덤벼드는 것이다. 미국 측은 도발에 걸려들지 않도록 노력하고 있다. 5.56mm MINIMI 기관총과 12.7mm M2 기관총으로 근접 전투를 대비하고, 대함 미사일을 경계하면서 채프와 플레어를 즉각 발사 가능한 상태로 항행한다.

다른 사례는 2009년 3월 중국 하이난 섬 부근의 공해상의 미국 해군 음향관측함에 대해 중국 어정어항감독관리국의 단속선과 어선들이 항해를 방해한 적이 있다. 미국은 제7함대의 '충훈'을 보내 호위하도록 했다.

이란 해군의 알반드급 프리깃. 임무는 호르무즈 해협을 통과하는 각국 함정을 감시하는 일이다.
(사진 : 가키타니 데쓰야)

중국 어업단속선도 미국 해군을 방해한다. 사진은 어정어항감독관리국의 '중국 어정 21'이다. 원래 해군의 수송함이며, 37mm 2연장포 등의 무장을 그대로 남겨두었다. (사진 : 가키타니 데쓰야)

# 이지스함의 실제 임무 수행 사례 ④
## – 인도적 지원과 함대 호위

2008년 7월 러시아가 그루지야(Gruziya)를 침공하자 미국 제6함대는 그루지야의 흑해 연안에 제6함대 기함인 상륙지휘함 '마운트 휘트니(Mount Whitney)', 이지스 구축함 '맥폴(McFaul)', 해안경비대 순시선 '댈러스(Dallas)'를 파견했다. 그루지야 시민에 대한 인도적 지원 물자를 수송하는 것이 이 소함대의 목적이었다. 러시아가 주요 도로에 검문소를 설치하는 바람에 물자 유통 상황이 악화되어 시민들이 큰 고통을 겪고 있었기 때문이다.

이 3척은 그리스의 크레타 섬의 미국 해군 기지에서 식료품, 의약품, 이유식 등을 약 70톤, 팔레트 82개분을 적재하고 출항했다. 맥폴은 소함대를 호위하는 역할이었다.

소함대는 러시아와 그루지야 국경에 접근해서 지원이 필요한 마을에서 가까운 소치 항에 입항하려고 했지만, 러시아 해군이 주변 해역을 관장하고 있었기 때문에 접근할 수 없었다. 그래서 소함대는 서쪽의 바투미(Batumi) 항에 지원 물자를 내렸다. **이지스 구축함이 전투 지역에서 인도적 지원 활동을 한 첫 사례다.**

그 배경에는 러시아를 견제하려는 의도도 있었다. 그루지야 연안에서는 러시아의 흑해 함대가 그루지야 해안경비대의 경비정 8척을 격침하는 등 긴장이 고조되고 있었다. 미국과 러시아는 일촉즉발의 위기를 맞기도 했지만, 견제와 인도적 지원 활동이라는 일석이조를 거두는 데 성공했다. 인도적 지원 활동은 보통 상륙함의 임무이고, 그 작전에서 대공 감시나 대수상 감시 등의 호위 임무가 필요했기 때문에 이지스함이 필요했다.

그루지야에서 인도적 지원 물자를 수송하고 호위 임무를 수행한 '맥폴'(사진 오른쪽)과 해안경비대의 '댈러스'(사진 왼쪽).
(사진 제공 : 미국 해군)

2008년 그루지야의 바투미 항에서 시민에게 공급할 지원물자를 내리는 '맥폴'. (사진 제공 : 미국 해군)

The Strongest Shield

# 탄도 미사일 방어 ①
## – 이지스함에서 탄도 미사일을 요격

미국 미사일 방어국(Missile Defense Agency, MDA)이 추진하는 **이지스 탄도 미사일 방어**(Aegis ballistic missile defense, ABMD)는 적이 발사한 탄도 미사일을 이지스함의 SPY–1 레이더로 탐지 · 추적하고 요격하는 계획이다. 통칭 **이지스 BMD**라고 부른다.

탄도 미사일은 사정거리에 따라 종류가 다양하다. 사정거리 1,000km 이하의 단거리 탄도 미사일(short–range ballistic missile, SRBM), 사정거리 2,000km 이하의 준중거리 탄도 미사일(medium range ballistic missile, MRBM), 사정거리 6,000km 이하의 중거리 탄도 미사일(intermediate–range ballistic missile, IRBM), 사정거리 6,000km 이상의 대륙 간 탄도 미사일(intercontinental ballistic missile, ICBM)이 있다.

적이 발사한 탄도 미사일은 기본적으로 포물선을 그리며 비행한다. 레이더는 이 특성을 고려해서 미사일의 코스와 최종 지점을 예측하여 요격한다. **요격 타이밍은 3단계**로 나눌 수 있다.

제1단계: 상승 단계 방어(BDS)

탄도 미사일이 발사 직후 상승하는 도중에 공중 레이저로 요격한다.

제2단계: 중간 단계 방어(MDS)

탄도 미사일이 상승용 로켓을 다 소모해서 낙하하기 직전까지의 중간 단계에서 이지스함의 SM–3로 요격한다.

제3단계: 종말 단계 방어(TDS)

탄도 미사일이 낙하하기 시작해서 대기권 내로 들어왔을 때 PAC–3 또는 이지스함의 SM–2 블록 Ⅳ로 요격한다.

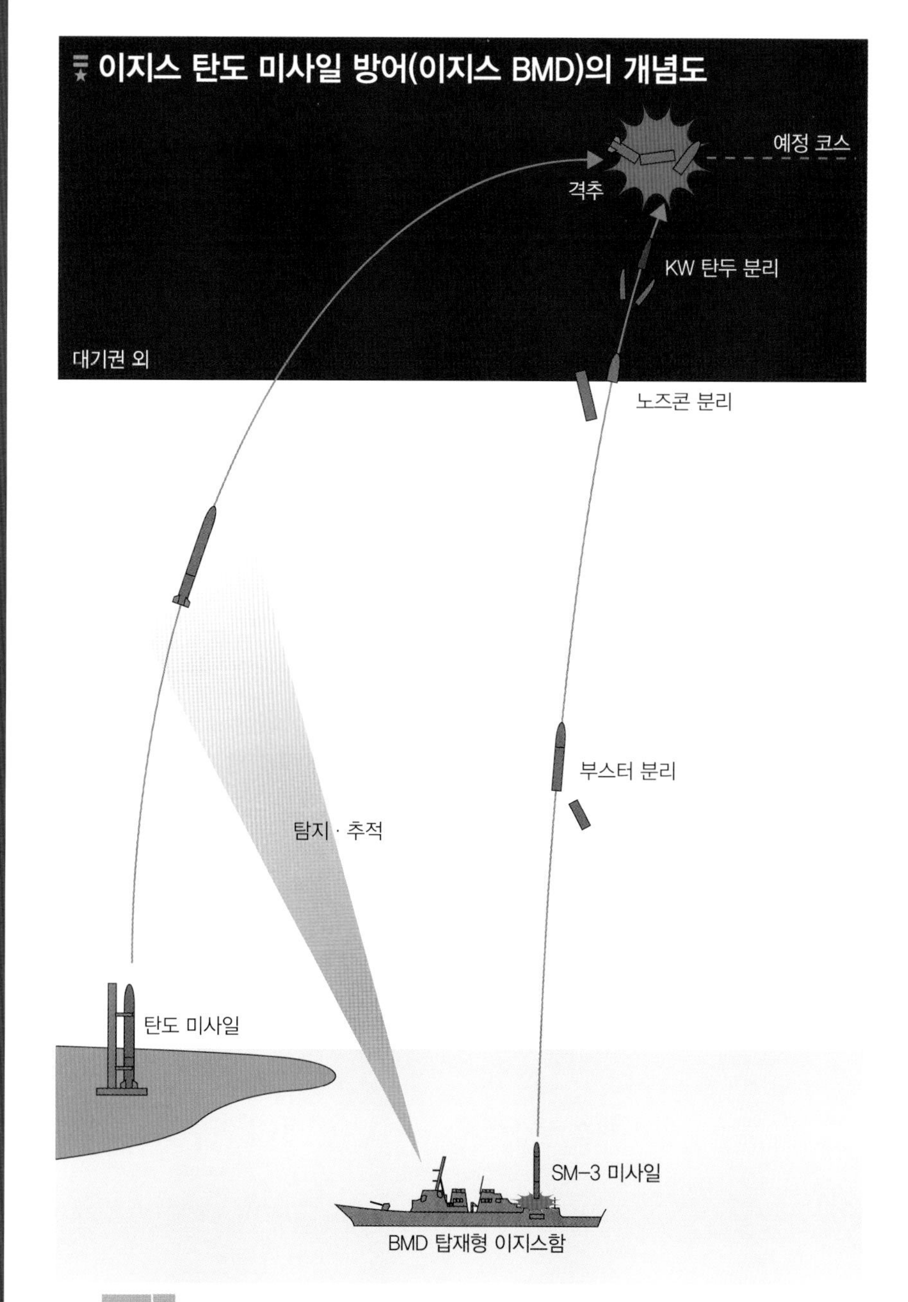


※ 사정거리가 짧은 SRBM은 이지스함에서 요격하기 어렵다. 그래서 육군의 PAC-3이 요격을 담당한다. 한때 이지스함에서 SM-2ER 블록 ⅣA도 요격을 시도했지만, 기술적인 이유로 중단되었다.

# 탄도 미사일 방어 ❷
## – 이지스 BMD 시스템 운용함

탄도 미사일 방어(ballistic missile defense, BMD)를 수행하는 이지스함의 전투 체계에 이지스 BMD 신호처리 장치(BMD signal processor, BSP) 등의 특별한 프로그램을 추가해서 SM–3나 SM–2 블록 Ⅵ를 발사할 수 있도록 했다. 사용하는 컴퓨터는 수시로 갱신되며, 2009년 6월 현재 가장 발달한 프로그램은 이지스 BMD 3.6.1이다. 이지스 **BMD 3.6.1**은 SM–3와 SM–2 블록 Ⅵ를 모두 운용할 수 있다.

이지스 BMD의 버전은 143쪽의 표와 같다. 덧붙여, 이지스 BMD 3.6을 운용하는 이지스함 가운데 5척이 요코스카에 배치되어 있다.

이지스 BMD 3.0은 SM–3나 SM–2 블록 Ⅵ를 발사할 수 없는 버전이다. 이지스 BMD 3.0E는 장거리 수색 및 추적 능력(long range surveillance and task, LRS & T)을 지니고, 비행하는 탄도 미사일을 탐지 · 추적해서 그 데이터를 SM–3를 운용하는 함정과 공유한다.

이지스 BMD 3.6 운용함과 이지스 BMD 3.0E 운용함은 모두 플라이트 ⅡA형이라는 이름이 붙지 않는다. 그 이유는 플라이트 ⅡA형은 헬리콥터를 운용할 수 있도록 범용 능력을 높였으므로 이지스 BMD에서 일부러 제외했기 때문으로 보인다.

한편, 이지스 BMD 3.6.1과 이지스 BMD 3.6은 앞으로 프로세서의 성능과 표적 식별 능력을 향상시켜 SM–3 블록 ⅠB를 운용할 수 있는 BMD 4.0.1로 업그레이드될 예정이다.

탄도 미사일 방어(BMD) 능력을 갖춘 개량형 타이콘데로가급 순양함 '포트 로열'.
(사진 : 가키타니 데쓰야)

## 이지스함과 이지스 BMD의 버전

| BMD 3.6.1 탑재함 | | | |
|---|---|---|---|
| 레이크 에리 | CG 70 | 개량형 타이콘데로가급 | – |
| **BMD 3.6 탑재함** | | | |
| 포트 로열 | CG 73 | 개량형 타이콘데로가급 | – |
| 샤일로 | CG 67 | 개량형 타이콘데로가급 | – |
| 존 S. 매케인 | DDG 56 | 알레이 버크급 | 플라이트 Ⅰ형 |
| 커티스 윌버 | DDG 54 | 알레이 버크급 | 플라이트 Ⅰ형 |
| 피츠제럴드 | DDG 62 | 알레이 버크급 | 플라이트 Ⅰ형 |
| 스테템 | DDG 63 | 알레이 버크급 | 플라이트 Ⅰ형 |
| 스타우트 | DDG 55 | 알레이 버크급 | 플라이트 Ⅰ형 |
| 러셀 | DDG 59 | 알레이 버크급 | 플라이트 Ⅰ형 |
| 폴 해밀턴 | DDG 60 | 알레이 버크급 | 플라이트 Ⅰ형 |
| 래미지 | DDG 61 | 알레이 버크급 | 플라이트 Ⅰ형 |
| 벤폴드 | DDG 65 | 알레이 버크급 | 플라이트 Ⅰ형 |
| 밀리우스 | DDG 69 | 알레이 버크급 | 플라이트 Ⅰ형 |
| 디케이터 | DDG 73 | 알레이 버크급 | 플라이트 Ⅱ형 |
| 오케인 | DDG 77 | 알레이 버크급 | 플라이트 Ⅱ형 |
| **BMD 3.0E 탑재함** | | | |
| 존 폴 존스 | DDG 53 | 알레이 버크급 | 플라이트 Ⅰ형 |
| 호퍼 | DDG 70 | 알레이 버크급 | 플라이트 Ⅰ형 |
| 히긴스 | DDG 76 | 알레이 버크급 | 플라이트 Ⅱ형 |

# 탄도 미사일 방어 ❸
## – 미일 공동작전

1998년 8월 31일, 북한이 실험 발사한 대포동 1호가 일본 열도를 가로질러 태평양에 떨어졌다. 이 사건을 지켜본 일본은 미국과 공동으로 탄도 미사일 방어를 위한 개발 협력 체제를 정비했다. 일본의 BMD는 우선 '곤고'에서 SM–3로 요격하고, 실패할 경우 항공자위대의 PAC–3로 요격한다. 해상자위대의 '곤고'는 2006년에 이지스 BMD 3.6을 설치했고, 이후 '묘코', '기리시마', '조카이'의 순으로 BMD 3.6을 장착할 예정이다. '아타고'는 BMD를 장착할 예정은 없다.

일본은 SM–3 개발에도 협력한다. SM–3은 3단 분리식이며, 최종적으로 3단째 노즈콘이 분리되어 그 안에서 운동에너지 탄두가 나와 표적을 탐지하면서 표적에 충돌한다. 일본은 차기 모델, SM–3 블록 ⅡA의 개발에 참여한다. 현행 SM–3 블록 ⅠB는 지름 13.5인치이지만 SM–3 블록 ⅡA는 21인치로 굵고, 끝 부분의 노즈콘에 일본이 개발하는 2조각 분리 방식의 클램셸형을 장착한다. 이로써 노즈콘 내에 수납하는 운동에너지 탄두가 확실하게 분리되어 탄도 미사일을 놓치지 않고 요격할 수 있다.

첫 번째 시험은 2006년 3월 8일 순양함 '레이크 에리'에서 시험하여 분리에 성공했다. 2015년에 실용화할 예정이다. 운용 면에서도 미일 협력 체제를 구축했다. 현재, 주일 미국 해군 요코스카 기지에 소속된 5척의 BMD함과, 하와이의 BMD함 일부가 동해에서 정기적으로 경계 감시하며, 일본 방위성과 정보를 공유한다. 이렇게 함으로써 일본 해상자위대의 BMD함 운용 계획도 효율화되었다.

2006년 12월 '곤고'에서 해상자위대로서는 처음으로 SM-3를 발사 시험했다. (사진 제공 : MDA)

'곤고'가 발사한 SM-3이 요격할 중거리 표적 MRT.
(사진 : 가키타니 데쓰야)

The Strongest Shield

# 탄도 미사일 방어 ④
## – 북한의 탄도 미사일 발사 실험

1993년 5월, 북한은 동해를 향해 '노동 미사일'을 1발 발사했고, 1998년 8월에는 '대포동 미사일'을 발사했다. 일본 해상자위대의 '묘코'는 이를 탐지 · 추적했다. 2006년 7월, 북한이 탄도 미사일은 발사할 징후를 보여, 일본은 경계 상태에 들어갔다. '기리시마'는 하와이의 근해에서 실시되는 림팩(RIMPAC) 훈련을 하러 가는 중에 되돌아왔다. 북한은 7월 5일에 노동 미사일, 스커드 미사일, 대포동 2호 미사일 등을 7발 발사했다. 당시에는 각 함정이 이지스 BMD를 장착하지 않았던 상태지만, 추적에는 성공했다.

2009년 2월, 북한이 '대포동 2호'를 발사할 조짐을 보이자 한국, 미국, 일본은 감시체제를 강화했다. 일본은 대포동 2호의 본체와 파편 등이 일본 영토 내에 떨어질 것을 대비해서 이지스함과 항공자위대의 PAC–3을 준비했다. 북한은 4월 5일에 미사일을 발사했고 한국, 미국, 일본의 이지스함들이 레이더로 추적했다. 태평양 측은 일본 해상자위대의 '기리시마'와 미국 해군 순양함 '샤일로', 구축함 '스테뎀', '피츠제럴드'가 감시했고, 동해 측은 일본 해상자위대 '곤고'와 '조카이' 및 BMD 3.6을 운용하는 미국 해군 '커티스 윌버'가 추적 · 감시했다. 이지스 BMD는 탑재하지 않았지만, 미국 해군 구축함 '채피'와 한국 해군 구축함 '세종대왕'도 추적했다.

북한이 미사일을 발사했을 때 북한 전투기가 급하게 접근했고, 러시아 Il–20 전자정찰기가 (이지스함 레이더 주파수 정보를 정찰하며) 일본의 방공식별구역에 진입했다. 일본 항공자위대는 전투기를 발진시켰다. 하지만 미일 양국의 BMD 체제는 탄도 미사일을 요격하지 않았다.

2009년 3월 28일 오전 8시 33분, 해상 배비형 요격 미사일(SM-3)을 탑재하고 일본 나가사키 현의 사세보 기지를 출항한 일본 해상자위대 이지스함 '곤고'(사진 앞쪽)와 '조카이'(사진 뒤쪽).

(사진 제공 : 지지통신)

# 인공위성 요격 작전
## – 대기권 바깥의 위성 요격에 성공

2006년 12월에 쏘아 올린 국가 정찰국(National Reconnaissance Office, NRO)의 정찰위성 NRO L-21(약 2.3톤)이 2007년 말에 지구 궤도상에서 태양전지 패널에 이상을 일으켜 제어 불능 상태에 빠졌다. 이 위성은 서서히 고도가 떨어져, 유해한 연료 히드라진을 지닌 채 지구로 낙하할 가능성이 높아졌다. 지상에 추락하면 크게 위험할 수 있어서, **이지스함의 SM-3으로 요격하려는 소각 동결(Burnt Frost) 작전**이 계획되었다.

이지스 BMD는 원래 위성을 격추하는 작전을 상정하지 않고 있었다. 탄도 미사일의 요격에 초점이 맞춰져 있다. 위성은 탄도 미사일보다 크지만, 열원이 없기 때문에 포착하기가 쉽지 않다. 또한, SM-3의 인식 장치가 위성을 위장 탄도 미사일이라고 인식할 가능성이 있었기 때문에 위성의 특징을 고려한 프로그램을 순양함 '레이크 에리'와 예비 구축함 '디케이터'의 이지스 BMD 3.6에 세팅했다.

요격은 하와이 부근 태평양 상공에서 시행하기로 했다. 2008년 2월 20일 임무 중이던 우주왕복선이 귀환하고 나서 요격 작전이 시작되었다. 순양함 레이크 에리가 2발, 구축함 디케이터가 1발의 SM-3 블록 I A를 준비하고, 하와이 서방 해역에서 대기했다. 공중 영역에는 한계가 있기 때문에 위성을 요격할 수 있는 기회는 약 30초밖에 없었다. 첫 번째 요격에 실패하면 약 90분 후에 위성이 지구를 한 바퀴 돌아 다시 제자리로 돌아왔을 때 재차 발사하기로 했다. 10시 26분, 레이크 에리의 SPY-1B로 초속 7.6km로 비행하는 L-21을 포착했고, SM-3으로 고도 247km에서 L-21에 명중했다. 위성의 파편은 대기권에 재돌입할 때 연소되어 사라졌다.

위성을 격추하기 위해 '레이크 에리'에서 발사한 SM-3. (사진 제공 : 미국 해군)

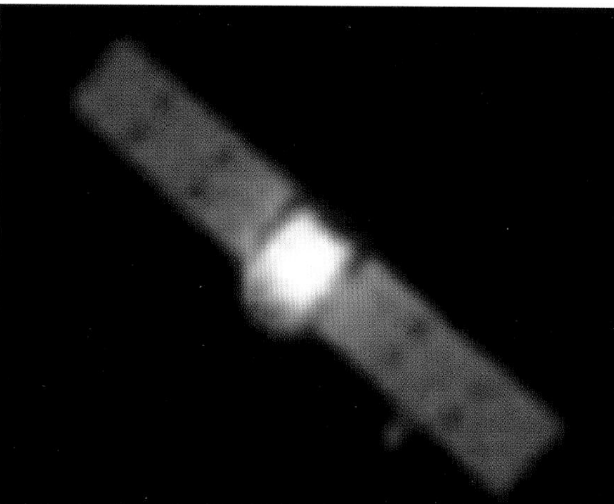

SM-3의 운동에너지 탄두가 충돌 직전에 포착한 정찰위성 NRO L-21.
(사진 제공 : MDA)

COLUMN 03

# 세계 최강의 이지스함은?

2척의 이지스함이 일대일로 싸운다면 어느 쪽이 이길까? 이는 호기심을 매우 자극하는 질문이다. 각국 이지스함의 전력을 비교해보겠다. 이지스함은 주요 무기인 대공 미사일, 순항 미사일, 대잠 로켓 등과 같은 주요 무기를 수직 발사 시스템에 장착한다. 이 수직 발사 시스템이 공격 능력의 척도가 된다.

이지스 레이더의 능력도 전력에 영향을 미친다. 미국, 일본, 한국, 스페인의 이지스함은 최고 능력의 SPY-1D를 갖췄지만, 노르웨이의 이지스함은 그 절반의 능력을 지닌 SPY-1F를 장착한다. 또 한 가지 중요한 변수는 헬리콥터다. **대잠전이나 대수상전 능력은 헬리콥터의 유무와 대수에 따라 큰 차이가 난다.** 그 외의 무기인 주포와 어뢰는 이지스함 사이에 별다른 능력의 차이가 없다.

이런 점에서 각국 이지스함을 비교하면 한국의 세종대왕은 수직 발사 시스템의 셀 수가 알레이 버크급보다 32셀 많은 128셀로, 이지스함 가운데 가장 많다. 세종대왕급은 현재 미국의 이지스함에만 장착된 순항 미사일도 앞으로 장착할 예정이다. 또한, 대함 미사일의 개수는 다른 이지스함이 8발인 데 비해 세종대왕은 그 두 배인 16발이다. 헬리콥터는 2대다. 이처럼 **세종대왕은 무장 면에서 다른 함정을 압도**한다.

그러나 아무리 우수한 무기를 갖췄어도 승조원의 훈련도가 낮으면 소용이 없다. 군함의 진정한 능력이 승조원의 훈련도와 함장을 비롯한 간부의 전술에 달려 있다는 사실은 역사가 증명한다.

# 제4장

# 이지스함의 내부 구조

고성능 방공 능력을 자랑하는 이지스함의 '두뇌'는 전투정보센터(CIC)다.
평소에는 웬만해선 볼 수 없는 전투정보센터의 내부부터, 기관 조종실, 가스터빈 엔진,
헬리콥터 격납고까지 함내의 세세한 구조를 사진들을 통해 소개하겠다.

다양한 이지스함 무기를 제어하는 전투정보센터. 대공전, 대수상전, 대잠전 등 온갖 전투에 대응한다.
(사진 : 가키타니 데쓰야)

# 이지스함의 함교 ❶
## – 평상시에 함정을 제어하는 장소

함교는 함장이 함정을 관장하는 장소다. 함장이 함정의 속력과 진행 방향을 결정하고, 승조원들이 함장의 지시에 따라 기기를 조작한다. 레이더, 무선, 해도 등의 정보를 함장에게 보고하는 작업도 이 함교에서 행한다.

이지스함은 각국 군함의 설계 개념에 따라 약간 다르지만, 현대전에 적합한 구조로 만들어진다. 함교에 반드시 있어야 하는 기본 기기는 조타 콘솔, 레이더 시현 장치, 속력 통신기, 해도 시현 장치 등 전투정보센터에 있는 무기 통제 시스템(weapon control system)과 동일하다.

조타 콘솔은 함정의 자세를 제어하는 운전석이다. 콘솔에 있는 타륜은 함미 조타실의 키와 연동되어 있다. 또한, 선체 측면에 있는 안정핀(fin stabilizer)도 움직인다. 속력 통신기는 함정의 속도를 기관실에 지시하는 장치다. 속력 통신기 담당이 지시받은 속력을 입력하면 기관실에서 프로펠러의 회전과 엔진 출력을 조정한다. 레이더 시현 장치는 마스트 위의 레이더로 탐지한 주변 해역의 선박 등을 광점으로 표시한다. 해도 시현 장치는 모니터상에 전자 해도를 시현하는 장치다. 최근에는 레이더 자료와 해도를 하나의 모니터에 겹쳐 표시하는 형태도 나왔다.

호위함 '아타고'의 함교. 사진 앞쪽의 장치는 조타 콘솔이며, 속력 통신기와 일체화되었다.
(사진 : 가키타니 데쓰야)

항해 레이더 OPS-20B, 대수상 레이더 OPS-28E의 영상과 해도를 표시하는 전자 해도 시현 장치.
(사진 : 가키타니 데쓰야)

# 이지스함의 함교 ❷
## – 승조원은 로테이션으로 교대 근무를 한다

함교의 인원은 많으면 15명 정도다. 함장이나 사령관은 함교의 양쪽 끝에 자리 잡는다. 앞면 창 쪽에 항해장과 초계장이, 그 양쪽에 전령이, 각 콘솔에 1~2명의 요원이, 우측 구석의 해도 앞에 항해사가, 좌측 구석의 작업대에 당직 부사관이 자리 잡는다. 함교 바깥으로 돌출된 윙 부위에는 대형 쌍안경, 방위를 알기 위한 자이로 리피터(gyro repeater), 강력한 탐조등이 있고, 감시 요원(견시)이 배치된다. 관제권 내의 헬리콥터도 함교에서 관제한다. 비행갑판에 착함 신호 장교(LSO)를 두지 않는 이지스함은 발착함 관제도 함교에서 수행한다.

각 승조원은 교대로 근무한다. 야간에는 모든 승조원이 근무한다. 감시 요원을 증강할 때도 있다. 큰 훈련을 할 때를 제외하고는 함장은 함장실에서 야간에 휴식을 취하는 경우가 많다. 그러나 전투 시에는 함장이나 사령관은 전투정보센터에서 전투를 지휘한다.

일본 해상자위대의 경우, 함교에서 함정을 조종하는 부서를 선무과라고 한다. 미국 해군에서는 항해부(navigation division)라고 하며, 브리지팀이라는 특별한 명칭을 사용한다. 스페인의 이지스함에는 네덜란드 해군이나 이탈리아 해군 등 NATO 소속 해군의 승조원이 동승하는 경우도 있다. 특히 NATO 함대에서 행동할 때는 서로 다른 군복을 입은 몇 개국 군인들이 함교에서 함께 함정을 조종한다. 한국 함정의 함교에는 북한의 모든 함정을 실루엣으로 표현해서 벽에 걸어놓았다. 감시 요원은 발견한 선박을 실루엣과 대조해서 아군인지 적군인지 판별한다.

구축함 '밀리우스(Milius)'의 함교. 좌측의 레이더 스크린은 일본의 이지스함에는 없는 것이다.
(사진 : 가키타니 데쓰야)

우현 윙에서 바라본 전방 시계. 육지 근처를 항행할 때는 감시 요원을 늘려서 왕래하는 선박과 해상 표류물을 경계한다.
(사진 : 가키타니 데쓰야)

The Strongest Shield

# 전투정보센터(CIC) ①
## – 전투의 모든 것을 통제하는 중추

일본의 이지스함에서는 **전투정보센터**(combat information center, CIC)를 **전투정보중추**라고도 한다. 문자 그대로 전투함의 중추라고 할 수 있다. 모든 정보는 이곳으로 모여 처리하여 판단하고, 지휘하며, 관제한다. 이지스함의 이지스 무기 체계(AWS)를 구성하는 이지스 시현 시스템(ADS), 무기 관제 시스템(WCS), 지휘 · 결정 시스템이 이곳에 갖춰져 있다. 여러 이지스함들은 기본적으로 동일한 이지스 무기 체계를 운용하므로 전투정보센터의 시스템에 큰 차이는 없지만, 각 해군의 운용 방침에 따라 레이아웃이 다르다.

전투정보센터에서 가장 눈에 띄는 것이 커다란 모니터로 된 이지스 시현 장치이다. 미국의 이지스함은 모니터가 2개인데, 일본의 이지스함은 4개다. **함장**은 이 모니터의 정면 왼쪽에 앉고 **전술지휘관**은 오른쪽에 앉는다. 전술지휘관은 항해장이나 병기장(포술장)이 맡는다. 일본 해상자위대의 경우 양측에 콘솔이 두 세트 더 놓여 있고, 다른 장교가 그곳에서 전술지휘관을 지원한다. 왼쪽 벽 쪽에 늘어선 콘솔은 대잠전용 WCS다. 이지스 시현 장치 시스템의 반대쪽 벽에는 대수상전, 대공전용 WCS가 나란히 설치되어 있다. 미국 이지스함은 그 안쪽에 토마호크 무기 관제 시스템이 있다. BMD함에서는 이 부근에 BMD 관련 장치가 설치되어 있다. 전투정보센터의 중심부에는 함내 통신계와, 리피터라고 불리는 해도 시현 장치 등이 있다. 또한, 전투정보센터의 인근에 소나실이 있다.

일본 '아타고'의 전투정보중추. (사진 제공 : 일본 해상자위대)

구축함 '래슨'의 전투정보센터. 왼쪽은 함장, 오른쪽은 전술지휘관의 콘솔이다. (사진 : 가키타니 데쓰야)

# 전투정보센터(CIC) ❷
## – 최종적인 결단은 함장이 내린다

전투정보센터에서 근무하는 승조원은 포뢰과(砲雷科)나 선무과(船務科)에 소속되어 있다. 포뢰과는 미사일이나 대잠 무기의 전문가이고, 선무과는 레이더의 전문가다. 레이더나 소나에서 수상한 항공기나 잠수함의 에코를 포착하면 각 무기 관제 시스템의 담당 요원이 전술지휘관에게 정보를 보낸다. 전술지휘관은 함장에게 공격해야 할지 말아야 할지 조언한다. 이를 영어로 'recommend'라고 한다.

어떤 경우에든 최종 판단을 하는 사람은 함장이다. 사령관이 승함했을 때는(즉, 함내에 사령부가 소재할 때는) 사령관이나 법무 담당 장교의 의견도 청취하지만, 최종적인 결단은 함장이 내린다. 미국 해군의 이지스함에서도 일본과 마찬가지로 함장이 최종 판단을 내린다. 부대 지휘관은 대부분 항공모함이나 강습상륙함에 승함한다.

최근에는 함대 전체가 공동 교전하는 경우가 많아졌다. 특히 토마호크 순항 미사일을 사용한 전투나 지상전 지원 작전은 항공모함 전단 지휘관의 지시를 받기도 한다.

이지스함의 전투에서는 전투정보센터가 가장 긴장감이 넘치며, 밤에도 불이 꺼지지 않는 부서이다. 그러나 전투정보센터는 비밀이 많은 구역이므로 승조원도 허가 없이 함부로 들어갈 수 없다. 일본 이지스함을 취재하기 위해 외부인이 들어갈 때는 해상막료장(역자주: 해군 참모총장에 해당)의 허가가 필요하다. 미국 해군의 경우에는 각 부대장의 판단으로 출입할 수 있지만, 발전형 토마호크 무기 관제 시스템 주변이나 소나실 등은 출입과 촬영이 금지되는 곳이 많다.

대공전, 대수상전 등의 무기 관제 콘솔이 나란히 늘어서 있다. (사진 : 가키타니 데쓰야)

대잠전 무기 관제 콘솔은 4개 있다. (사진 : 가키타니 데쓰야)

# 기관 조종실

## – 미국, 일본, 한국의 이지스함은 가스터빈 엔진

미국 이지스함은 GE사의 LM2500 가스터빈 엔진을 사용한다. 일본의 이지스함은 IHI가 라이선스 생산한 동일한 형태를 장착했다. 4대를 2개 1조로, 감속 장치를 거쳐 추진축을 구동한다. 추진축의 끝에 달려 있는 5엽(5Blade)의 가변 피치 프로펠러(스크루)가 함정을 추진한다. 4개의 엔진은 총 10만 축마력(shaft horse power, SHP)을 생산한다. 2개의 엔진실 사이에 있는 3개의 발전기로 함내의 모든 전력을 생산한다(3개의 발전기로 약 7,500~8,400kW를 생산한다).

조종실에서 엔진과 발전을 제어하고 함교의 속력 지시에 따라 함정을 조종한다. 또한, 비상시 임시 지휘소로서의 역할도 한다. 즉, 함내에서 화재나 침수가 발생했을 때 응급반을 편성하여 지휘하는 곳이 바로 이 기관 조종실이다. 기관장이 기관 조종실 겸 응급실을 감독한다.

미국, 일본, 한국의 이지스함은 모두 가스터빈 엔진을 사용하며, COGAG(combined gas turbine and gas turbine) 방식이다. 스페인은 가스터빈 엔진 2개와 디젤 엔진 2개를 갖추고 CODOG(combined diesel and gas turbine) 방식으로 운용한다. 노르웨이는 선체가 더욱 작으므로 가스터빈 엔진 1개와 디젤 엔진 2개를 갖추고 CODAG(combined diesel and gas turbine) 방식으로 운용한다. 가스터빈 엔진은 이른바 제트 엔진과 동일하며, 제트 연료를 사용한다. 디젤 엔진은 일반적인 선박용 엔진과 같아서 경유를 연료로 사용한다. 두 종류의 엔진을 운용하면 연료 계통의 관리가 복잡해지고, 디젤 엔진의 연료인 경유는 값이 저렴하다는 장점이 있다. 그래서 가스터빈과 디젤 엔진을 혼용하는 함정에서는 경유 한 가지로 두 가지 엔진 모두를 가동한다.

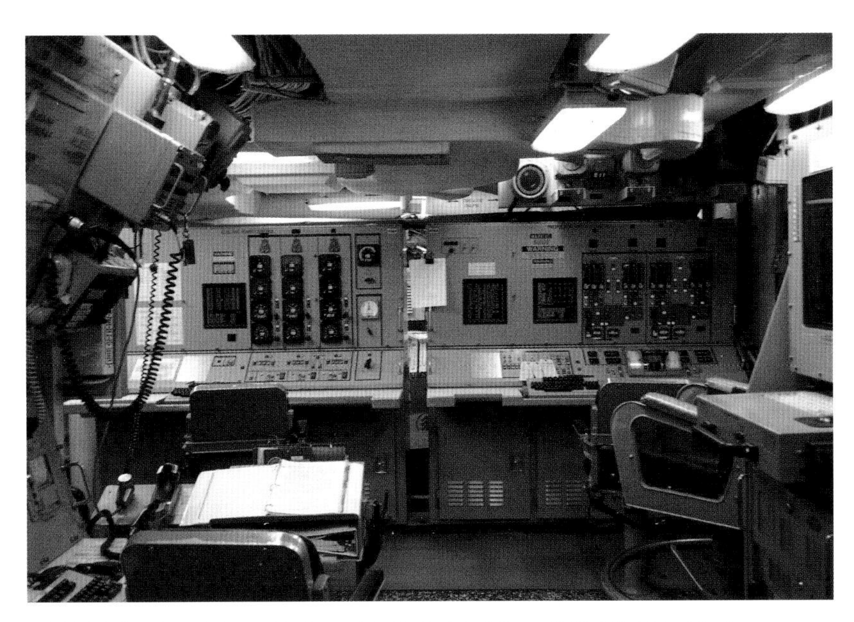

구축함 '밀리우스'의 기관 조종실. 사진 오른쪽이 엔진 콘솔이고, 왼쪽이 발전기 콘솔이다.
(사진 : 가키타니 데쓰야)

엔진실 점검 창을 통해서 보이는 LM2500 가스터빈 엔진. 사진은 '래슨'에 설치된 엔진이다.
(사진 : 가키타니 데쓰야)

# 해상보급
## – 가스터빈 엔진의 이지스함에는 필수

군함이 활동하기 위해서는 연료, 무기, 탄약을 보급받아야 한다. 특히 연비가 나쁜 가스터빈 엔진을 운용하는 이지스함은 디젤 엔진 함정보다 더 빈번하게 연료를 보급받아야 한다. 연료를 보급받아야 할 때마다 매번 항구에 입항해야 한다면 유연한 작전을 지속할 수 없을 것이다.

그래서 전투용 함정들은 해상에서 보급함으로부터 연료를 보급받는다. 이것이 해상보급(replenishment at sea, RASRAS)이다. 장기간 해상에서 감시 임무를 수행해야 하는 이지스함은 보급함과의 회합 타이밍이 중요하다. 자동차처럼 연료가 떨어지자마자 주유소에 들를 수가 없기 때문이다. 전투 중 연료가 떨어지면 승조원의 목숨이 위태로워진다. 그러므로 최소한 1주일 후의 연료 상황을 예측하고, 보급함을 예정된 해역으로 보내야 한다. 보급받기 몇 시간 전에는 헬리콥터 탑재 이지스함이나 기타 아군 함정에서 출발한 헬리콥터가 해상보급 해역을 정찰한다. 해상보급은 장시간 직진하면서 항해하므로, 항로상에 장애물이 있으면 곤란하기 때문이다.

보급함이 현측 약 45m 근처에 도착하면 보급함에서 스팬와이어(span-wire)에 연결된 급유 호스가 뻗어 나온다. 이것을 이지스함 측의 프로브 리시버(Probe receiver)에 결합한다. 급유 작업 시간을 활용해서 항공연료나 물자도 보급한다. 탄약을 보급할 때에는 헬리콥터에 의한 수직해상보급(vertical replenishment, VERTREP) 방법도 활용한다. 보급 작전 중 양쪽 함정은 12노트(22km/h)를 유지한다. 미국 이지스함은 연료를 보급함뿐 아니라 항공모함으로부터도 받을 수 있다. 항공모함은 호위함을 위한 연료 보급 역할도 수행한다.

호주 해군 보급함 '석세스(Success)'의 급유 호스를 미국 해군 구축함 '커티스 윌버'의 프로브 리시버에 결합하는 장면. (사진 : 가키타니 데쓰야)

영국 해군 보급함 '웨이브 룰러'(사진 왼쪽)로부터 보급받는 미국 해군 구축함 '도널드 쿡'(사진 오른쪽). NATO 동맹국의 급유 시스템은 동일하다. (사진 제공 : 미국 해군)

# 헬리콥터 격납고

## – 중요한 헬리콥터를 소중하게 수용한다

이지스함에는 **헬리콥터 격납고**가 있다. 알레이 버크급 플라이트 Ⅰ과 Ⅱ, 그리고 '곤고'형은 헬리콥터 갑판만 있고 격납고가 없기 때문에 헬리콥터를 상시 운용하지 않는다. 알레이 버크급 플라이트 ⅡA는 2대의 SH-60B 초계 헬리콥터를 운용할 수 있다. 1개의 격납고에 1대 들어갈 수 있는 격납고 2개를 미사일 수직 발사 시스템 양쪽에 배치하고 있다. '세종대왕'도 이와 동일한 형태다. 타이콘데로가급과 '아타고'형은 1개의 격납고에 헬리콥터 1대를 격납한다.

헬리콥터는 레일을 통해 격납고로 이송하며, 격납고에서 정비하여 다음 비행을 준비한다. 격납고에 인접하여 정비사 대기실과 조종사 브리핑실을 두었다. 헬리콥터용 무기 탄약 창고도 격납고 옆 또는 아래층에 있다. 비행하기 약 30분 전에 비행갑판으로 끌어내서 어뢰나 소노부이 등을 장착하고 출동 준비를 한다. 이어서 갑판의 소화 담당 요원이 방화복을 착용하고, 조종사는 엔진을 시동하며, 정비사는 기체를 구속한 체인을 푼다. 발함은 격납고 위에 있는 **항공관제실**에서 관제한다.

항공관제실에서 헬리콥터의 착발함을 관제한다. 비행갑판에서는 **착함 신호 장교**(landing signal officer, LSO) 또는 **착함 안전 장교**(landing safety officer, LSO)가 LSO실에서 착함을 유도한다. 조종사는 착함 신호 장교나 착함 안전 장교의 지시를 받으며 착함한다.

알레이 버크급 플라이트 ⅡA의 헬리콥터 격납고. 시코르스키 'SH-60B'가 격납되어 있다. 사진 왼쪽 벽 안에는 수직 발사 시스템이 있다. (사진 : 가키타니 데쓰야)

구축함 '핀크니'의 항공관제실. 야간 발착함 작업을 하는 모습이다. (사진 : 가키타니 데쓰야)

COLUMN 04

# 미국 해군 이지스함의 함장실

이지스함을 지휘하는 책임자는 함장이다. 필자는 취재의 막바지에 미국 해군 알레이 버크급 플라이트 ⅡA형 구축함 '핀크니(Pinckney)'의 함장실에 초대받았다.

밤 10시에 부함장의 안내로 함장실에 들어가자, 그곳은 앰버 색조의 차분한 하향 간접조명으로 은은한 분위기를 자아내고 있었다. 5인용 소파와 고풍스러운 책상이 놓여 있었고, 아름다운 그림이 걸려 있었다. 마치 **호화 여객선의 객실** 같았다. 선장실의 가구는 선장이 직접 선택한다. 사진 왼쪽에 보이는 모니터와 집무 책상이 이지스함이라는 사실을 느끼게 해준다. 안쪽에는 침실, 샤워실, 화장실이 있다.

일본 이지스함의 함장실은 형광등 조명으로, **자그마한 회사 사무실** 같다. 안쪽에는 욕조가 딸린 전용 욕실도 있다. 아무래도 미국의 이지스함이 더욱 차분한 분위기였다.

미국 해군의 알레이 버크급 플라이트 ⅡA형 구축함 '핀크니'의 함장실. 마음이 차분해지는 쾌적한 환경이다.

(사진 : 가키타니 데쓰야)

제 5 장

# 이지스함의 함내 생활

하이테크로 가득한 이지스함도 활동의 주축은 역시 살아 있는 사람이다.
이 장에서는 함내의 일상을 통해 주거성, 식사 메뉴 등 이지스함의 편이성을 소개하겠다.
함내 생활 모습에 놀라움을 느낄지도 모른다.

갑판 위에 가설한 비닐 풀에 몸을 담근 승조원들. 뒤쪽의 위상 배열 안테나가 왠지 위화감을 주지만, 이처럼 휴식을 취하는 시간은 매우 중요하다.
(사진 제공 : 미국 해군)

# 이지스함의 승조원은 몇 명?
## – 전력 감축으로 일본 이지스함의 인원이 삭감되었다

일본 해상자위대 이지스함의 승조원 구성은 함장을 정점에 두고 포뢰과, 항해과, 선무과, 기관과, 보급과, 위생과로 나뉘며, 각 과에 과장과 부장이 있다. **미국 이지스함은 약 350명**으로 운용하지만, **일본 이지스함은 약 300명**이다. 일본은 전력을 감축하면서 인원을 줄였다. 배수량이 곤고의 절반 정도인 '다카나미'는 약 175명으로 운용한다.

미국함에는 여군도 많다. 1척에 여군이 30~40명 정도 근무하기도 한다. 네덜란드 해군의 이지스함에 필적하는 APAR함에는 여군 함장도 있다. 일본 해상자위대의 이지스함에는 여성이 없지만, 2009년 4월에 취역한 헬리콥터 호위함 '휴가'는 전투 함종으로서는 최초로 여성 자위관이 승함한다. 앞으로 '곤고'나 '아타고'에도 여성이 승함할 것으로 보인다.

이지스함에는 함정 승조원 외에 호위함대 사령부의 요원이 20~30명 정도 승함하는 경우도 있다. 그래서 함내에 사령부 기능을 위한 여유 공간을 마련해둔다. 또한, 항구에서 장기 수리를 마치고 훈련 항해에 나설 때에는 **함대 훈련소**(fleet training center, FTC)에서 교육 중인 대원 20여 명이 승함한다. 이 경우가 이지스함에 가장 많은 인원이 승함하는 때다.

그리고 미국 이지스함에는 록히드 마틴이나 레이시언의 직원(민간인)도 자주 승함한다. 이들은 시스템 관리나 점검 등의 업무 및 새로운 시스템을 시험하는 일을 담당한다.

'아타고'의 승조원은 약 310명이다. 이들은 눈에 보이지 않는 바다의 국경을 지킨다.

(사진 : 가키타니 데쓰야)

# 이지스함에서의 하루
## – 평소에는 일찍 자고 일찍 일어난다

항해 중에는 오전 6시에 총원 기상한다. 일본 해상자위대의 이지스함에서는 기상 명령만을 내리지만, 미국 이지스함에서는 그날의 날짜, 예정, 성서 구절 등을 낭독하기도 한다. 외국에 입항하는 날에는 현지어로 '안녕하십니까'라는 말을 하기도 한다.

휴일에는 아침 식사 전에 함수의 닻줄실이나 헬리콥터 격납고에서 기독교 예배 같은 종교 행사를 연다. 일상적인 훈련을 하는 날에는 미리 정해진 훈련 일정을 따른다. 감시 요원(견시)이 24시간 배치되므로, 모든 승조원이 동일한 일정을 따르는 것은 아니다. 점심 식사 뒤 휴식 시간 1시간을 제외하면 하루 종일 훈련에 몰두한다. 저녁 식사 후 청소를 끝내면 자유 시간을 갖는다.

일본의 이지스함에는 욕조가 있으므로 20~30분 동안 목욕을 할 수 있다. 하지만 미국 이지스함에서는 샤워만 할 수 있고 샤워 시간은 겨우 10분뿐이다. 미국과 일본 모두 보통 22시에 소등한다. 일본 해상자위대에서는 소등하기 전에 점호를 한다. 점호 때는 당직사관이 주변 정리정돈과 청소 상태를 점검한다.

대규모 훈련이나 전투 작전 중에는 생활이 평소와는 완전히 바뀐다. 함내 시간을 로컬 시간에서 Z시간(그리니치 시간)으로 변경해서 각지에 전개하는 다른 함정, 항공부대, 지상부대와 동일한 시간축으로 행동한다. 24시간 동안 짧은 교대근무가 반복되고, 식사도 간소해지며, 각자에게 임무가 할당된다. 통신이 통제되어 가족들에게 이메일을 보낼 수도 없다. 작전 중에는 휴대전화도 금지된다. 작전 시에는 조명도 어둡게 바뀐다. 각 승조원은 교대로 4~5시간 정도의 짧은 수면을 취한다.

미국 해군 순양함 '안치오(Anzio)'에서 화생방 공격에 대처하는 훈련을 하면서 방호 마스크를 착용하는 승조원.
(사진 제공 : 미국 해군)

2003년 4월 4일 심야에 토마호크를 발사하는 미국 해군 구축함 '도널드 쿡(Donald Cook)'.
(사진 제공 : 미국 해군)

The Strongest Shield

# 이지스함의 거주성
## – 매점과 현금인출기도 있다

이지스함은 대형이어서 함내를 여유롭게 설계할 수 있다. 일본 해상자위대의 경우, 예전 호위함에서는 부사관 거주 구역에 3층 침대를 설치했었지만, 이지스함에서는 **2층 침대**로 바뀌어 더욱 쾌적해졌다. 또한 휴식 공간에서 긴장을 풀 수도 있다. 한 방에서 2~3명이 생활하고, 각자에게 사무용 책상이 배당된다. 고급 장교에게는 개인실이 할당된다.

이전의 호위함에 비하면 생활이 쾌적해지기는 했지만 한정된 공간의 함내 생활이어서 자칫 운동 부족이 될 수 있다. 그래서 자그마한 공간에 **운동 기구**도 마련해두었다.

불편한 점은 세탁이다. 미국 해군 이지스함에서는 세탁 당번이 세탁물을 수거해서 세탁하지만, 일본 해상자위대 이지스함에서는 탈의실 주변에 여러 대 배치된 세탁기로 각자 세탁한다.

함내에서 상품도 구입할 수 있다. 함내 **매점**의 영업시간은 식사 직후의 짧은 시간뿐이다. 일용품부터 과자까지 진열되어 있으며, 미국 해군의 상품 구성이 일본보다 양호하다. 여성용 의류와 일용품도 갖춰져 있다. 일본 해상자위대는 현금으로 결제하지만, 미국 해군은 현금카드를 사용한다. 함내에는 **현금인출기**도 있다. 입항 전에는 현금인출기 앞에 긴 줄이 늘어선다.

미국과 일본의 군함 모두 흡연은 엄격히 제한된다. 함내는 **전면 금연** 구역이고, 갑판의 일정 장소에서만 흡연할 수 있다. 2008년 항공모함 '조지 워싱턴'에서 있었던 대형 화재는 버려진 담배꽁초 때문이었다. 함내에서 흡연을 할 수 있는 해군이 아직 다수 존재한다.

미국 해군 순양함 '레이크 에리'의 함내에 있는 현금인출기와, 미국 해군에서 발행하는 신용카드 기능을 겸한 현금카드. (사진 제공 : 미국 해군)

미국 해군 순양함 '노르망디'의 우편실. 이메일이 보급되어 있지만 손으로 써서 보내는 편지는 여전히 많다. 함내에서 편지를 보내면 함명과 함정 실루엣이 들어간 소인이 찍히므로 더욱 특별한 편지가 된다. (사진 제공 : 미국 해군)

# 이지스함에서의 식사
## – 식후에 디저트도 즐길 수 있다

함내 생활의 즐거움은 뭐니 뭐니 해도 식사일 것이다. 장교, 부사관, 병사의 식당과 메뉴는 각기 다르다. 일본 해상자위대의 장교는 장교실에 마련된 식탁에 전원이 착석해서 함장과 사령관을 기다린다. 미국 해군은 'officers' wardroom'에서 각자 따로 식사하는 경우가 많다. 작전 항해 중에는 회의를 겸한 아침 식사인 'power breakfast'를 먹으며 여러 가지 보고를 하기도 한다.

미국과 일본 모두 주방은 한 군데이며, 보급과의 요원이 조리를 한다. 일본 해상자위대는 일본식 요리가 주 메뉴이며, 아침부터 연어구이가 나오기도 한다. 미국 해군에서는 시리얼이나 햄으로 간단히 아침 식사를 한다. 점심 식사에서는 차이가 크다. 미국 해군이 일본 해상자위대보다 메뉴의 종류와 양이 많다. 특별한 날에는 저녁 식사 때 바닷가재가 나오기도 한다. **일본 해상자위대에서는 금요일 점심 식사 때 반드시 카레가 나오는 것이 유명**한데, 미국 해군도 저녁 식사 때 카레가 나올 때도 있다. 미국과 일본의 결정적인 차이점은 아이스크림이다. 일본 해상자위대는 시판 중인 아이스크림을 매점에서 각자 구입하도록 한다. 미국 해군도 1970년대까지는 그렇게 했지만, 항해가 길어지면서 아이스크림이 금방 동났기 때문에 지금은 함내에서 직접 아이스크림을 만들어 공급한다. 가격은 식대에 포함되므로 아이스크림을 먹든 안 먹든 같은 값을 치른다.

휴일의 미국 해군 함정은 식당 조명을 어둡게 해서 차분한 분위기를 연출하기도 한다. 전투 중에는 햄버거나 핫도그로 때우기도 한다. 일본 해상자위대에서는 훈련이 몰리면 **통조림밥**으로 끼니를 대신한다.

미국 해군 구축함 '핀크니'의 부사관 식당. 청색(해군색) 테이블이 놓여 있다. 바닥은 목재이며, 벽에는 바다와 관련된 그림이 장식되어 있다. 각 함정마다 독특한 디자인을 채택한다. (사진 : 가키타니 데쓰야)

미국 수상함의 식당에는 지정석이 딱 한 자리 있다. 아직 돌아오지 못한 전쟁포로(prisoner of war, POW)와 행방불명자(missing in action, MIA)를 위한 자리다. '항상 따뜻한 식사를 대접한다.'라고 쓰여 있다. 미국 해군 구축함 '밀리우스'에서 찍은 사진이다. (사진 : 가키타니 데쓰야)

# 항구에 정박하면 승조원은 무엇을 하는가?
## – 가족을 불러 함께 여행하는 사람도 있다

해군은 국가의 외교 도구로서의 역할도 수행한다. 1800년대 중반에 일본이 외국에 문호를 개방한 경우를 **포함외교**라고 한다. 그러나 현재는 주로 **친선 목적으로 외국 항구를 방문**한다. 해군 최고의 전투함인 이지스함을 외국에 보낸다는 것은 그 나라에 대해 최대의 경의를 표하는 일이다.

항구에 정박하는 주요 목적은 **승조원에게 휴식**을 주기 위해서다. 승조원들은 입항하면 관광하며 휴가를 보낼 수 있다. 미국 해군의 승조원은 다양한 인종과 다양한 국가 출신으로 구성되어 있다. 그래서 어떤 승조원은 항해하면서 자신의 출신 국가를 방문할 수도 있다. 해군에 들어오지 않았더라면 평생 미국 밖으로 나가보지 못했을 승조원도 많다. 많은 승조원은 입항하자마자 번화가로 나가 쇼핑을 하거나 술집에서 술을 마시며 휴가를 만끽한다. 마치 일반인이 해외여행을 하는 듯하다. 간부 중에는 본토에서 가족을 불러 입항 기간 동안 가족 여행을 하는 사람도 있다.

미국 해군에서는 함내에 남는 승조원을 위해 카운슬링 프로그램을 마련해두기도 한다. 미국 해군은 승조원을 **배를 타는 외교관**으로 교육한다. 입항 중에 그 나라의 정서에 어긋나는 행동을 하지 않도록, 그 나라의 습관과 매너를 교육하는 프로그램도 준비한다. 항해 중에 항구에 입항할 기회가 적으면, 함내에서 단합대회(steel beach picnic)를 개최하기도 한다. 갑판에서 바비큐 파티를 하거나, 연주회나 운동회를 하기도 한다.

항구 전체가 세계유산으로 지정된 몰타 섬 발레타 항에 입항한 미국 해군의 구축함 '배리(Barry)'.
(사진 제공 : 미국 해군)

여가를 즐기는 '벙커 힐(Bunker Hill)'의 승조원들. (사진 제공 : 미국 해군)

# 함내에서 술을 마실 수 있는가?
## – 기본적으로는 금주이지만……

전 세계의 해군에서 술에 관한 규정은 세 가지로 나눌 수 있다.

① 미국 해군과, 미국 해군의 교육을 받은 해군 : 금주

② 이슬람교 국가의 해군 : 금주

③ 그 외의 해군 : 경우에 따라 허용

알코올이 금지된 이슬람 국가는 물론 미국 해군과, 미국 해군의 교육을 받은 해군도 함내에서 술을 금한다. 미국 해군의 교육을 받은 해군으로는 일본 해상자위대와 한국 해군을 들 수 있다. 따라서 항구에 입항하면 대부분의 승조원들이 육지에 올라 술을 진탕 마시는 바람에, 출항할 때는 함내에 급성 알코올 중독 환자가 속출하기도 한다. 이지스함이 외국 항구에 입항하면 내빈을 초대해서 리셉션(reception)을 열기도 하는데, 이때 알코올이 제공된다. 일본 해상자위대도 현지에서 준비한 통술로 내빈을 대접한다. 한편, 이슬람교 국가의 항구나 거리에는 술집이 없지만, 미국계 호텔에서는 술을 판다. 중동의 자그마한 항구에도 이런 미국계 호텔이 꼭 있기 마련이라서 승조원은 밤이면 밤마다 미국계 호텔 바에서 술을 즐긴다고 한다.

미국 해군에서도 사령관이 승함하는 경우에는 접대용 술을 구비해두기도 한다. 유럽의 해군 사령관과 비밀리에 만나 사령관실에서 한잔하기 위한 것이다. 유럽의 군함에서는 부사관도 야간에 와인을 마실 수 있다. 유럽, 캐나다, 호주의 장교실에 함내 바가 설치된 함정도 많다. 이지스함에서 술을 마실 수 있는 나라는 스페인과 노르웨이뿐인데, 와인 정도는 약과다. 현재 건조 중인 호주 해군의 호버트가 완성되면 바 카운터에서 럼주를 마실 수 있는 세계 최초의 이지스함이 된다.

캐나다 국방군의 프리깃 '밴쿠버(Vancouver)'의 장교실에 있는 바 카운터. 동급 함정인 '리자이너(Regina)'에는 맥주 서버까지 있다. (사진 : 가키타니 데쓰야)

마치 호텔 라운지처럼 꾸며진 싱가포르 해군 상륙함 '퍼시스턴트'의 장교실. 당연히 술도 마련되어 있다. (사진 : 가키타니 데쓰야)

COLUMN 05

# 이지스함의 함장은 선망의 지위

'곤고'가 환태평양 합동훈련 중에 하와이의 진주만에 입항했을 때의 일이다. 취재진을 인솔하던 공보관이 안벽에서 "우와, 크다. 나도 언젠가는 함장이 되고 싶은데."라고 읊조렸다. 이처럼 이지스함은 일본 자위관에게 선망의 대상이다. 일본 해상자위대의 간부에게 "이지스함을 한마디로 말하면 뭔가요?"라고 물어보면 누구나 "**남자의 로망**이죠.", "**남자라면 꼭 타봐야 할 함정**이죠."라고 대답한다.

그 공보관은 일본에 귀국한 후에 열심히 공부해서 이지스함이 아니라, 호위함의 함장이 되었다. 그의 동기 간부가 170명 있는데 이지스함은 6척뿐이므로, 앞으로 동기 중에 이지스함의 함장이 되는 사람은 약 30명 중에 1명꼴이 될 것이다. 함장의 임기는 몇 년 동안 지속되기 때문에 실제로 함장이 되는 수는 아마 더 적을 것이다. 미국 해군은 이지스함을 많이 보유하지만, 그만큼 장교의 수도 많으므로 역시 이지스함의 함장이 되는 길은 멀고 험하다.

미국 해군의 알레이 버크급 구축함 '래슨'의 함장에게 "다음 목표는 무엇입니까?"라고 질문해보았다. 그러자 "당연히 타이콘데로가급 순양함 함장이 되는 것이지요."라는 대답이 돌아왔다. 알레이 버크급이 최신 이지스함인데도 왜 타이콘데로가급을 더 동경하는 것일까?

그 이유는 타이콘데로가급이 격이 더 높은 순양함인 데다, **항공모함의 직위함이라는 자부심도 있기 때문**이다. 항공모함의 함장이 되려면 전투기 조종사 출신이어야 하기 때문에, 일반 해군 장교는 이지스함의 함장이 될 수는 있어도 항공모함의 함장은 될 수 없다. 즉, 미국 해군 수상함의 최고 직위는 타이콘데로가급 함장이라고 할 수 있다.

# 제 6 장

# 이지스함 이외의 군함

이 장에서는 현재 운용하고 있는 이지스함 이외의 군함을 설명하겠다.
그리고, 이지스 이후의 미래의 고성능 방공함과,
국적을 초월해 협력해서 공동의 적에 맞서는 해양 작전에 관해 소개하겠다.

지금의 이지스함을 능가하는 방공 능력을 지니게 될 줌발트급 이지스의 상상도. 높은 스텔스 성능도 갖췄다.
(자료 제공 : 미국 해군)

# 항공모함
## – 국가 해군력의 상징

항공모함의 주된 역할은 전투공격기로 대지 공격 임무를 수행하는 것이다. 상륙부대와 함께 행동하며 작전 지역 상공의 경계감시 임무를 수행한다. 그리고 근본적인 임무는 항공모함을 호위하는 것이다.

항공모함은 해군력의 상징으로 불리는데, 엄밀한 정의가 없기 때문에 호칭도 제각각이며 국가의 운용 방침에 따라 다양한 형태가 있다. 일반적으로 항공모함이라고 하는 함정은 항공기 운용을 위한 전통적인 갑판을 지니고, 항공기를 주력으로 장비하는 함정을 말한다.

미국 해군의 강습상륙함은 외관상 항공모함과 동일한 전통갑판이고, 고정날개를 지닌 AV-8B 해리어를 운용한다. 하지만 항공모함이 아니라 강습상륙함으로 부르는 이유는 주력 장비가 해리어가 아니라, 상륙작전의 주력 부대인 해병대 병사이기 때문이다. 강습상륙함은 헬리콥터를 20대 이상이나 운용하므로, **헬리콥터 항공모함**이라고 부르기도 한다. 러시아의 '애드미럴 고르시코프(Admiral Gorshkov)'는 대잠순양함으로 등장했다가 나중에 전술항공순양함이 되었는데, 그 능력은 항공모함과 동일하다. 태국의 '차크리 나루에벳(Chakri Naruebet)'은 연안경비함인데, 일반적으로는 항공모함으로 분류한다.

그 외에 전통갑판에 고정익기를 운용하는 것을 항공모함의 조건이라고 본다면, 전 세계에는 9개국의 해군에 21척의 항공모함이 존재한다. 가장 큰 항공모함은 미국의 니미츠급 원자력 항공모함이다. 최신형인 '조지 H. W. 부시'는 만재 배수량 102,000톤이고, 75대 정도의 항공기를 운용할 수 있다. 가장 작은 항공모함은 태국의 '차크리 나루에벳'이다. 만재 배수량 11,485톤이고, 12대의 항공기를 운용한다.

스페인 해군의 '프린시페 데 아스투리아스(만재 배수량: 17,188톤)'. 현대 항공모함으로서는 소형에 속한다. 항공기는 약 30대를 운용한다. 사진에는 SH-3D/G, AB211 헬리콥터, EAV-8B 공격기가 보인다.
(사진 제공 : 미국 해군)

일본 요코스카의 '조지 워싱턴(만재 배수량: 102,000톤)'. 니미츠급은 75대의 항공기를 운용하는 세계 최대의 항공모함이다.
(사진 제공 : 미국 해군)

# 순양함
## – 항공모함을 지키기 위한 대공 미사일을 장비한다

예전에 순양함(cruiser)은 전함에 이어 두 번째로 큰 수상 함정이었는데, 1991년에 모든 전함이 퇴역함으로써 자연스럽게 첫 번째로 큰 수상 전투함이 되었다. 제2차 세계대전 이후 순양함은 대개 10,000톤 이상의 배수량을 지니는 함정으로 정의된다. 미국은 타이콘데로가급 순양함을 22척 배비하고 있다. 러시아는 키로프급 원자력 미사일 순양함(24,300톤) 1척, 슬라바급 미사일 순양함(11,490톤) 3척, 카라급 미사일 순양함(9,900톤) 1척을 배비하고 있다.

이들 순양함은 항공모함 함대의 방공을 위해 대공 미사일을 운용한다. 프랑스의 '잔 다르크(만재 배수량: 13,270톤)'를 독특한 순양함으로 들 수 있다. 분류상으로는 헬리콥터 항공모함이지만, 전통갑판이 아니기 때문에 헬리콥터 순양함으로 분류할 수도 있다. 그러나 1964년에 취역했기 때문에 조만간 퇴역할 것으로 보인다. 페루는 네덜란드 해군이 운용하던(1953년 취역) '데 라위터르'를 도입해서 1973년에 '알미란테 그라우(만재 배수량: 12,165톤)'로 배비했다. 함령이 50년 이상이며, 요즘은 보기 드물게 앞뒤 갑판에 주포를 2문씩 배치하는, 세계대전 시절의 전함 스타일이다. 마지막 포함(gun cruiser)이라고도 부르는 가장 오래된 순양함이 되었다.

미국은 타이콘데로가급의 뒤를 이을 2척을 계획 중이다. 차기 미사일 순양함 CG(X)(cruiser guided missile(experimental))은 20,000톤에서 25,000톤급으로 빠르면 2017년 취역할 예정이다. 또한, CG(X)의 원자력형인 25,000톤급의 차기 원자력 미사일 순양함 CGN(X)(CGN nuclear-powered) 계획도 있다.

러시아 해군의 슬라바급 미사일 순양함 '바랴크만(만재 배수량: 11,490톤)'. 양현에 16발의 SS-N-12 대함 미사일을 갖추고 있다. (사진 : 가키타니 데쓰야)

페루 해군의 순양함 '알미란테 그라우(만재 배수량: 12,655톤)'. 몇 년 후에 퇴역할 예정이다. 역사상 마지막 함포를 주력으로 하는 순양함이다. (사진 제공 : 페루 해군)

The Strongest Shield

# 구축함
## – 적의 어뢰정이나 잠수함으로부터 함대를 보호한다

전 세계 해군에는 1,500척 정도의 함정이 있는데, 그중에서 약 200척이 구축함이다. 구축함의 절반은 미국 해군의 알레이 버크급과, 일본 해상자위대의 호위함이 차지한다. 구축함은 순양함을 보유하지 않는 나라의 상징적인 존재라고 할 수 있다. 함종을 나타내는 기호는 구축함(Destroyer)을 뜻하는 D 또는 DD다.

구축함은 만재 배수량이 4,000~10,000톤으로 범위가 넓다. 2013년에 완성되는 미국의 줌발트급 구축함은 약 15,000톤이나 나간다. 또한, 유럽 해군에서는 크기로 봤을 때 구축함보다 아래 단계인 프리깃도 구축함과 동등하게 보기 때문에 구축함의 정의는 그렇게 엄격하지는 않다. 원래 구축함의 임무는 함대를 위협하는 적의 어뢰정이나 잠수함을 구축하는 일이었지만, 현대의 구축함은 대공전, 대수상전, 대잠전 등 모든 형태의 전투 환경에서 폭넓게 사용하는 다기능 함을 가리킨다.

세계에서 미국과 한국의 이지스 함만을 구축함으로 분류하고 있다. 스페인과 노르웨이의 이지스함은 영국이나 이탈리아의 구축함과 동등하거나 약간 크지만 프리깃으로 분류된다. 호주에서 건조 중인 이지스함은 바산급 프리깃을 토대로 만들지만 함종은 구축함이다.

일본의 이지스함은 호위함으로 부르는데, 'DD'에 대공 미사일 능력을 의미하는 'G'가 붙어 'DDG(destroyer guided missile: 미사일 구축함)'가 되었다.

영국 해군의 45형 구축함(만재 배수량: 7,350톤)은 샘프슨 레이더(영국이 개발한 대공 레이더)를 운용하는 고성능 방공함이다. 마스트 뒤쪽에 있는 검은 직사각형 물체는 네덜란드가 만든 장거리 대공 레이더다. 사진은 1번함인 '데어링(Daring)'이다. (사진 제공 : 영국 해군)

중국 해군의 난주(蘭州)급 구축함(기준 배수량: 7,000톤)은 함교 주변 4면에 우크라이나에서 만든 위상 배열 레이더를 운용하는 방공함이다. 2척을 건조했다. NATO 코드 네임은 여양(旅洋) II이고, 중국 해군의 명칭은 '052C형'이다. (사진 : Andrei Pinkov)

The Strongest Shield

# 프리깃
## – 작은 나라 해군의 주력

프리깃(frigate)은 범선 시절부터 존재했던 구축함보다 역사가 긴 함종이다. 제2차 세계대전 후에, '함대 호위나 연안 방어를 목적으로 하는, 구축함보다 소형의 전투함'으로 정의하기 시작했다. 함정을 나타내는 기호는 F 또는 FF다. 현재, 프리깃은 전 세계에 약 460척이 있고, 전 세계 해군에서 거의 대부분에 배비하고 있다. 대함 · 대공 미사일 등 구축함에서 운용하는 장비와 대등한 수준으로 구성하는 프리깃도 많다. 대다수 국가의 해군력의 주력이며, 작은 나라에서는 가장 큰 전투함 역할을 담당한다.

만재 배수량이 2,000~4,000톤인 경우가 대부분인데, 노르웨이의 '프리드쇼프 난센'은 5,290톤이다. 스페인의 '알바로 데 바산'은 6,250톤이나 된다. NATO를 중심으로 한 유럽의 해군이 성능과 크기가 충분히 큰 구축함을 프리깃으로 분류하는 이유는 프리깃을 NATO 해군의 표준 수상 전투함으로 하려는 경향이 있기 때문이다. 따라서 지금은 배수량의 차이로 구축함과 프리깃을 구별하려는 경향은 줄어들고 있다.

반대로 함정의 위엄을 높이기 위해 프리깃을 구축함으로 격상하기도 한다. 파키스탄 해군이 영국에서 중고로 구입한 6척의 21형 프리깃(만재 배수량: 3,360톤)은 함종을 구축함으로 변경했다. 제2차 세계대전 후의 군함 함종은 각국의 독자적인 방침으로 결정하는 경우가 많아졌는데, 프리깃이 그 전형적인 예다.

터키 해군의 프리깃 '바르바로스(만재 배수량: 3,380톤)'. 독일 MEKO의 수출형이다. 11개국이 MEKO형 프리깃의 파생형을 사용한다. (사진 : 가키타니 데쓰야)

파키스탄 해군의 구축함 '티푸 술탄(만재 배수량: 3,700톤)'. 영국의 21형 프리깃에 배수량을 약간 늘리고 장비를 추가해서 함종을 프리깃에서 구축함으로 변경했다. (사진 : 가키타니 데쓰야)

# 코르벳, 초계정, 연안전투함
## – 작은 나라에서 바다를 지키는 주요 함정

**코르벳**(corvette)은 프리깃보다 더 작은 수상 전투함이다. 함종 기호는 C가 아니라 K로 표기한다(C는 순양함을 의미하는 cruiser를 나타낸다). 만재 배수량은 약 1,000톤이다. 그보다 더 작은 함정은 **초계정**(patrol boat)이라고 한다. 이렇게 작은 함정은 원양(遠洋)에서 작전행동을 하기 어렵다. 그러나 작은 나라의 해군은 코르벳이나 초계정을 주로 운용한다. 코르벳이나 초계정이 가장 큰 전투함인 나라도 있다.

대함 미사일을 장착하는 미사일 초계정을 운용하는 나라도 있지만, 대부분의 초계정은 기관총 정도만 장비한다. 작은 나라의 해군은 초계정 등 연안경비용 함정을 해상 범죄 단속 등 경찰력으로 사용하는 경우도 많다. 한편, 1,000톤 이하를 함정(ship)이 아니라 정(boat)으로 분류하는 경우가 많다. 함종 기호는 PC(patrol craft)다.

최근에 미국 해군의 **연안전투함**(littoral combat ship, LCS)이 연안경비 작전용 함정으로 주목을 끌고 있다. 이는 연안경비나 연안전투를 상정한 미국 해군의 새로운 함종이다. 현재 프리덤과 인디펜던스 두 종류의 시제함을 건조해서, 서로 비교한 후 하나를 정식 채용할 예정이다. 양쪽 함정 모두 2009년에 해군에 인도하여 시험을 시작하였다. 배수량이 프리깃과 맞먹는 3,000톤급이지만, 대함 · 대공 미사일을 장착하지 않고 57mm 포와 근접방어용 대공 미사일을 장비하는 정도에 그친다. 그 대신에 2대의 헬리콥터를 운용할 작정이다.

인도네시아 해군의 보아급 초계정 '상카(기준 배수량: 90톤)'. 전 세계의 수많은 해군에서 초계정은 연안경비의 주력이 되는 해군 장비다. (사진 : 가키타니 데쓰야)

미국 해군 연안전투함 '인디펜던스(만재 배수량: 2,790톤)'. 연안경비를 목적으로 한다. 코르벳과 프리깃의 중간 크기에 해당한다. 삼동선형으로 스텔스 성능을 지녔다. (사진 제공 : 미국 해군)

# 상륙함
## – 상륙 작전용에서 다기능으로 변화

역사적으로 볼 때 해상 전투만으로 전쟁이 종결되는 예는 거의 없다. 지상부대가 상륙해서 상대국의 수도 또는 주요 도시까지 점령해야만 전쟁이 끝난다. 특수임무부대는 수송기에서 강하할 수도 있지만 주력 부대와 물자는 바다로 운송할 수밖에 없다. 그 역할을 담당하는 것이 상륙함이다.

상륙 작전에서는 대량의 병력을 신속하게 지상으로 보내야 하므로, 상륙함은 대형 헬리콥터나 수륙양용 병력 수송 장갑차를 다수 운용한다. 미국은 항공모함 형태의 강습상륙함으로 병력, 차량, 상륙용 단정, 수송 헬리콥터 및 공격 헬리콥터나 공격기까지 운용한다. 스페인도 2009년부터 고정익기를 운용할 수 있는 강습상륙함을 배비한다. 영국, 프랑스, 한국도 위와 동일한 항공모함형 강습상륙함을 운용하고 있다. 다만, 공격기를 운용하지는 않는다.

그 외의 주요 해군에서는 헬리콥터의 수를 줄이고 함을 도크(dock)처럼 만들어 소형 상륙정을 많이 탑재할 수 있도록 한 형상도 있다.

최근에는 상륙함이라는 명칭을 사용하지 않고 다목적함이나 종합지원함이라는 함종으로 발전하고 있다. 이는 대형 선체를 활용해, 상륙 작전뿐 아니라 보급과 같은 함대 지원 등 다양한 목적으로 활용되는 함정이다.

이지스함이나 항공모함은 상륙 함대를 강력히 호위할 수 있고, 상륙 부대를 직접 지원할 수도 있다.

미국 해군의 강습상륙함 '에섹스(만재 배수량: 40,650톤)'. 함미의 도크에 상륙정을 탑재할 수 있다. 사진은 LCU-1600 상륙정을 수용하는 장면이다. (사진 제공 : 미국 해군)

한국 해군 상륙정 LSF621(만재 배수량: 150톤). 러시아의 밀레나 E형 에어쿠션이며, 2개의 가스터빈 엔진으로 최대 속력 55노트(102 km/h)를 낸다. 전차 1대와 병력을 해안으로 수송할 수 있다. (사진 : 가키타니 데쓰야)

# 잠수함
## – 수상 함정을 벌벌 떨게 만든다

이지스함뿐 아니라 모든 수상 함정의 가장 큰 위협은 잠수함이다. 전 세계에 잠수함은 약 550척 있으며 용도는 다양하다.

잠수함은 크게 전략 잠수함과 기타 잠수함으로 나눌 수 있다. 전략 잠수함은 미국, 러시아, 영국, 프랑스, 중국만 보유하고 있으며, 대륙간 탄도 미사일(submarine launched ballistic missile, SLBM)을 운용한다. 이는 핵 억제력을 구성하기 위해 보유한다. 국제정치에서 유리한 위치를 점하는 데 효과적이다. 전략 잠수함은 운용하는 미사일이 대형이므로, 선체도 커야 한다. 가장 큰 잠수함은 러시아의 타이푼급이며, 수중 배수량이 26,500톤, 전체 길이가 171.5m나 된다.

기타 잠수함은 모두 전술적으로 사용된다. 예를 들어, 공격형 잠수함은 함대를 호위하고 정찰이나 대함 공격을 담당한다. 미국이나 영국의 공격형 원자력 잠수함은 토마호크 순항 미사일로 대지 공격도 할 수 있다.

그 외에 기뢰를 설치하거나 특수부대를 은밀하게 잠입시키는 것도 공격형 잠수함의 임무다. 수상함의 적이 되는 잠수함은 오직 이 공격형 잠수함뿐이다.

북한은 100톤 정도의 소형 잠수함을 50척 이상 활용하고 있다고 알려져 있다. 특수부대나 공작원을 적지에 잠입시키기 위해서 운용한다. 이런 목적의 잠수함은 구조가 단순하고, 소음이 심하다. 저렴한 비용으로 생산할 수 있으므로 몇몇 국가에서 은밀하게 제작하여 배비하는 경우가 많다. 또한, 잠수함과 모터보트의 특징을 합친듯한 반잠수정은 특수작전에 사용한다.

미국 해군의 오하이오급 전략 잠수함 '메릴랜드(수중 배수량: 18,750톤)' 트라이던트 핵미사일을 24기 운용한다. 미국 해군은 14척의 전략 잠수함을 운용하고 있다. (사진 제공 : 미국 해군)

파키스탄 해군의 아고스타급은 함대호위 임무뿐 아니라, 특수부대 기지로서의 임무도 수행한다. 사진은 2009년의 훈련에서 가상적 역할을 하는 공격형 잠수함 '후르마트(수중 배수량: 1,740톤)'다. (사진: 가키타니 데쓰야)

# 일본 해상자위대의 호위함
## – 크기는 달라도 전부 '호위함'

일본 해상자위대는 모든 전투 함정을 호위함이라고 부른다. 가장 작은 호위함 '유바리'형은 기준 배수량이 1,470톤이고, 가장 큰 호위함 '휴가'형은 13,950톤으로 무려 10배 차이가 난다. 이처럼 서로 크기가 매우 다른 함정을 호위함이라는 하나의 함종으로 부르는 나라는 일본뿐이다.

이 호위함을 국제적인 기준으로 분류하면 구축함과 프리깃으로 볼 수 있다. 이는 함종 기호로도 알 수 있다. SM–2 대공 미사일을 운용하는 이지스함이나 SM–1 대공 미사일을 운용하는 호위함은 미사일 구축함(DDG)으로 분류한다. 구체적으로는 이지스함인 '아타고'와 '곤고', 비이지스함인 '다치카제'와 '하타카제'가 이에 속한다.

3대의 헬리콥터를 운용하는 호위함은 헬리콥터 탑재 구축함(DDH)으로 분류한다. '하루나', '시라네', '휴가' 등이 이에 속한다. 이 중에 '휴가'는 항공모함과 비슷한 갑판이기 때문에 3대 이상의 헬리콥터를 운용할 수 있다.

1대의 초계 헬리콥터를 운용하는 호위함은 범용 구축함(DD)으로 분류한다. '하쓰유키', '아사기리', '무라사메', '다카나미', 그리고 2012년에 취역하는 기준 배수량 5,000톤의 신형 DD가 이에 속한다.

프리깃에 해당하는 호위함은 '유바리'와 '아부쿠마'이다. 호위 구축함(DE)이라는 의미다. 하지만 보통은 단순히 호위함이라고만 부른다. 5,000톤형을 제외하면 호위함은 현재 13가지 형태의 총 44척을 운용하고 있다.

2006년도 관함식 장면. 사진 앞에서부터 호위함 '구라마(만재 배수량: 약 7,200톤)', '조카이(약 9,500톤)', '하루나(약 6,800톤)', '우미기리(약 4,900톤)'다. (사진 : 가키타니 데쓰야)

일본 해상자위대에서 가장 큰, 만재 배수량 약 18,000톤의 호위함 '휴가'(사진 오른쪽)와 만재 배수량 약 6,200톤의 범용 호위함 '이나즈마'. (사진 : 가키타니 데쓰야)

# 이지스함에 필적하는 함정 - APAR

이지스함은 대략 25년 전에 등장한 이래 끊임없이 새로운 기술로 업그레이드되었다. 그러나 SPY-1 레이더로 탐지하고 SPG-62 일루미네이터로 SM-2 미사일을 최종 유도하는 기본적인 구조는 변경되지 않았다. 이지스는 약 200개의 표적을 동시에 포착하고 12개의 표적을 동시에 추적할 수 있지만, 동시 요격은 일루미네이터의 수와 동일한 3개뿐이다. 시간 간격을 두면 3개의 일루미네이터로도 모든 표적을 요격할 수 있지만, 적의 집중공격에는 대응할 수 없다.

집중공격이란 이지스함의 일루미네이터가 3개뿐이라는 점에 착안해서 이지스 시스템의 능력을 능가하는 수의 미사일이나 전투기를 동시에 집중적으로 투입하는 전법이다. 이것은 이지스를 개발할 당시부터 지적된 단점이지만, 지금까지는 집중공격이 실제로 일어난 경우는 없다.

네덜란드의 탈레스사는 이런 단점을 극복할 수 있는 방법을 개발했다. 그것이 일루미네이터의 수에 영향을 받지 않는 요격 방법을 사용하는 능동 위상 배열 레이더(active phased array radar, APAR)로 요격하는 방법이다. APAR는 이지스와 비슷하지만, 전파를 발사하는 배열 소자 하나하나가 요격 미사일을 유도하는 일루미네이터의 능력을 지닌다. 탐지 가능 거리는 이지스보다 짧지만 독립된 일루미네이터에 의존하지 않기 때문에, 동시에 요격할 수 있는 수량의 제한은 VLS의 능력에만 구속받는다. 네덜란드의 데 제번 프로빈시엔과 독일의 작센급 함정은 이 APAR를 적용하고 있다.

세계에서 가장 최신 성능의 방공함인 네덜란드 해군의 데 제번 프로빈시엔급 '데 라위터르(만재 배수량: 6,048톤)'. (사진 : 가키타니 데쓰야)

APAR는 메인마스트의 4면에 설치된다. SPY-1 레이더보다 탐지 거리가 짧지만, 해상도는 높고, 미사일 유도도 가능하다. (사진 : 가키타니 데쓰야)

APAR의 짧은 탐지 거리는 SMART-1 레이더로 보완한다. SMART-1 레이더의 탐지 거리는 이지스보다 긴 1,000km 이상이다.(사진 : 가키타니 데쓰야)

# 이지스함을 능가하는 미래의 방공함 – 줌발트급

알레이 버크급 구축함은 1990년대 후반부터 연구되기 시작했다. 그리고 DD-21로 계획된 차세대 전투함의 이름은 줌발트(만재 배수량: 14,564톤)이다. **줌발트**는 지금까지의 개념을 뒤집는 수상 전투함이다. 동력은 통상 동력과 전기 추진 장치를 병용한다. 선체는 스텔스성을 높이기 위해, 일반 선박과는 반대로 선체 바닥보다 갑판이 좁은 **텀블홈**(tumblehome) 형태를 채용한다. 함수는 수면 아래쪽이 뾰족한 **웨이브 피어싱**(wave piercing) 형태다. 선체는 2중 구조로, 내벽과 외벽 사이에 수직 발사 시스템(Mk57)을 설치하고 기존 미사일 외에 SM-2의 차세대형인 SM-6를 운용할 수 있게 한다.

무기 시스템은 이지스 시스템에서 발전했지만, 시스템의 대부분이 이지스함에서 운용하는 것과 다르기 때문에 줌발트를 이지스함으로 분류하지 않는 듯하다. 주 레이더는 SPY-3을 설치한다. SPY-1의 결점이었던 일루미네이터에 의한 미사일 유도 방식을 폐지하고, 무기 관제 등에 사용하는 **능동 위상 배열 레이더(APAR) 2대와 장거리 수색 레이더를 설치한다.**

또한, 타이콘데로가급 순양함의 후속함으로서, 줌발트급을 토대로 하고 통상 동력과 전기 추진을 병용하는 20,000~25,000톤급의 **CG(X)**도 계획 중이다. 2009년 현재 CG(X)는 아직 발주되지 않았지만, 2017년경에 취역시킬 계획인 듯하다. CG(X)를 토대로 원자력화해서 미사일 방어의 임무를 더욱 강화한 **CGN(X)** 계획도 있다.

차세대 구축함 줌발트의 상상도. 철저한 스텔스성을 추구하기 때문에 돌출물을 극단적으로 줄였고, 안테나류는 함교 구조물에 인입한 형태를 취한다. (자료 제공 : 미국 해군)

펜타곤(미국 국방부)에 전시된 차세대 구축함 줌발트 모형. 함수가 칼처럼 뾰족하게 튀어나온 웨이브 피어싱 형태로 파도를 가르며 나아갈 수 있다. (사진 제공 : 미국 해군)

# 세계 규모의 해상 파트너십
## – 국가를 초월해 인류 공동의 적과 싸운다

2005년 당시 미국 해군 작전부장(역자주: 해군 참모총장 또는 해군 총사령관에 해당)이었던 마이클 멀린 대장은 미국 해군의 함정 약 300척에 동맹국 해군의 함정 약 700척을 합친 약 1,000척으로 해군의 세계적인 파트너십을 강화하자는 **1,000척 해군**이라는 개념을 제창했다. 해상 치안을 유지하고 대량파괴무기 확산을 방지하며, 대규모 재해에 대처하기 위해 국제적 협력의 필요성이 높아졌기 때문이다. NATO를 비롯한 미국의 동맹국은 각국 간의 연대가 평화 유지에 필수적이라 생각하고 연대를 강화하는 중이다. 한편, 1,000척 해군이라는 말은 각국의 군대가 미국 해군 예하에 들어가는 듯한 느낌을 불러일으키기 때문에, 현재는 **세계 규모의 해상 파트너십 구상**이라는 이름으로 바뀌었다.

외국 함정끼리 연대하는 데 꼭 필요한 것은 **전술 데이터 링크**(TADIL)다. 전술 데이터 링크는 특정 전파에 암호를 걸어 정보를 주고받을 수 있게 해 보안성을 높이는 개념이다. 링크 11이나 링크 14라고 부르는 전술 데이터 링크는 NATO, 일본, 한국 등 동맹국의 함정을 연결한다. 2006년 12월, 이지스 순양함 '레이크 에리'의 탄도 미사일 요격 실험에서 네덜란드 해군의 APAR 프리깃 '트롬프'가 모의 탄도 미사일 표적을 탐지 · 추적했고, 그 데이터를 미국 해군 구축함 '호퍼'가 데이터 링크로 연결하는 데 성공했다. '세계 규모의 해상 파트너십 구상'은 미사일 방어를 상정하지는 않지만, 전 세계의 함정들이 서로 협력할 수 있다는 사실은 특기할 만한 아이디어이다. 이지스함과 그 외의 고성능 방공함이 연대하고, 그런 하이테크함이 지휘하는 수많은 함정이 뒤를 따름으로써 더욱 강력한 범세계적 협력이 가능해졌다고 볼 수 있지 않을까?

미국, 일본, 페루의 해군이 합동으로 훈련하는 장면. 국제적 협력 체제를 구축함으로써 더욱 강력한 연대가 가능해졌다. 2008년부터는 NATO, 일본, 한국 등이 소말리아 앞바다의 해적에 대처하기 위해 함정을 파견한다. 이것도 동맹국에 의한 해상 치안 유지 협력의 일환이다. (사진 : 가키타니 데쓰야)

사진은 2009년 4월, 미국 해군 순양함 '벨라 걸프'에서 발진한 검문검색팀이 해적으로 의심되는 배를 조사하는 장면이다. 9명의 용의자를 구속했다. (사진 제공 : 미국 해군)

## 참고문헌


『Ships and Aircraft of the U. S. Fleet』(Naval Institute Press, 2005)

『World Naval Weapon Systems』(Naval Institute Press, 2006)

〈계간 제이 십스(ジェイシップス)〉 각호 (이카로스출판)

〈월간 군사 연구(軍事研究)〉 각호 (재팬 밀리터리 리뷰)

〈월간 세계의 함선(世界の艦船)〉 각호 (가이진사)

※ 이 외에 미국 해군을 비롯해 각국의 해군, 각 회사의 자료 및 웹사이트를 참고했다.

신의 방패 **이지스** AEGIS

지은이 | 가키타니 데쓰야
옮긴이 | 권재상
펴낸이 | 조승식
펴낸곳 | (주)도서출판 북스힐

등록 | 제22-457호
주소 | 142-877 서울 강북구 한천로 153길 17
(수유2동 240-225)
홈페이지 | www.bookshill.com
전자우편 | bookswin@unitel.co.kr
전화 | 02-994-0071
팩스 | 02-994-0073

2015년 1월  5일 1판 1쇄 인쇄
2015년 1월 10일 1판 1쇄 발행

값 12,000원
ISBN 978-89-5526-870-6
978-89-5526-729-7(세트)

* 잘못된 책은 구입하신 서점에서 바꿔 드립니다.